麵點女王的百變中式點心

彭秋婷／著

作者序

麵點製作技術與文化日新月異，各個時期隨著社會發展變遷，飲食文化與生活習性的改變，對麵點的要求也在逐漸變化。注重方便性的同時，自己在家隨手取得食材製作，對食物要求天然，吃得健康、安心以外，更要求色香味俱全。

製作技術是更加生活化的。各式麵點有不同的製作模式，有不同思考邏輯加上自己創作的想法，變化出與眾不同的麵點。麵點大致以蒸、烤、煎、烙、炒、煮，講究經濟實惠，我們國人日常主食以饅頭、包子、烙餅、燒餅、煎餅、麵條、餃子為主。這次設計的內容以家庭主婦隨手可的材料製作，利用家中鍋碗瓢盆輕輕鬆鬆製作中式麵食點心，相同的原物料，微調配比，製作千變萬化的麵食點心，讓家庭主婦、上班族可以提早做好備糧，當然也可以做斜槓人生增加收入。

Contents

Part 1 水調麵食

84	No.27 高麗菜水餃	104	酥油皮類的製作流程
86	No.28 韭菜水餃		★油皮的製作
88	No.29 玉米水餃	105	★油酥的製作
90	No.30 泡菜水餃	106	★「油皮包油酥」的各種手法
92	No.31 剝皮辣椒煎餃		◎油皮包油酥手法 1：大包酥
94	No.32 瓜仔肉水餃煎餃	107	◎油皮包油酥手法 2：小包酥（又稱單粒酥）
96	No.33 四季豆煎餃	108	◎油皮包油酥手法 3：雙粒酥
98	No.34 韭黃蝦仁鍋貼煎餃	109	◎油皮包油酥手法 4：千層酥
		110	◎油皮包油酥手法 5：彩色酥皮

Part 2　酥油皮類

		111	★酥油皮包內餡方法
			❶ 牛舌餅
101	所謂的「酥油皮」	112	No.35 宜蘭牛舌餅
102	包酥的「兩層」分類法	114	No.36 高雄鮮奶牛舌餅
	Level 1. 第一層：先依照「包酥」方法分類	116	No.37 鹿港牛舌餅
103	Level 2. 第二層：再按照「成形」方法分類	117	No.38 竹山地瓜餅

168	No.65	3Q 鴛鴦餅
170	No.66	3Q 抹茶酥
172	No.67	3Q 芋頭酥
174	No.68	桃酥

Part 3 發酵麵食 & 發粉麵食

178	所謂的「發酵麵食」
180	★烤饅頭的製作
182	★烤饅頭的分割→滾圓→整形
183	★烤饅頭的發酵 ★烤饅頭的烘烤
184	★烤饅頭的口味變化一覽
185	No.69 原味鮮奶烤饅頭 ▶
186	No.70 抹茶紅豆烤饅頭
187	No.71 耐高溫巧克力烤饅頭
188	No.72 花生烤饅頭
189	No.73 芝麻烤饅頭
190	No.74 香橙奶酥烤饅頭
191	No.75 葡萄奶酥烤饅頭
192	No.76 香蒜烤饅頭
193	No.77 肉桂烤饅頭
194	No.78 肉鬆烤饅頭
195	No.79 起司烤饅頭
196	加碼收錄！所謂的「糕漿皮類」
197	所謂的「發粉麵食」
198	No.80 西瓜發糕
202	◎用途廣的餡料速查表 × 一些不分享太可惜的餡料

Part 1 水調麵食

Topic 所謂的「水調麵食」

原則 1

「水調麵食」就是用「麵粉」與「水」調製而成的麵團。

原則 2

搭配不同的水溫、水量，就會出現各種不同特性的水調麵食。

原則 3

觀察配方的比例，麵粉的百分比皆是 100%，所有材料要以麵粉為基準（100%），換算各項材料對麵粉的百分比是多少。

原則 4

為了使產品更具變化性，食譜中會出現各式調味料的變化（如糖、白胡椒粉等），這些材料都是為了讓產品更具風味。

原則 1 「水調麵食」就是用「麵粉」與「水」調製而成的麵團

水調麵與我們的日常主食最為密切，諸如：水餃、麵條、餛飩、春卷、煎餃、麵餅等，種類多不勝數。早期家家戶戶都會製作水調麵食，我們甚至說不出自己做的是「水調麵食」，便會製作水調麵了。近年外食風氣盛行，反而這類手做家常菜漸漸絕跡於廚房。因為方便，因為各種因素，人們漸漸不再製作這些最傳統的點心。而大家都是遇到某個契機後，才決定重新走入廚房。可能想重現某個滋味、想簡單做露營餐食、想做給家人吃、想自己研究美食，或希望學習一門手藝。

水調麵食涵蓋主食、點心，具有煎、煮、烙、烤、炸等烹調方式。想像一下，露營時根本不需攜帶保鮮冰箱，只要帶好麵粉、調味料、水，接著簡單和麵就可以製作餅皮，想夾蛋的話再煎顆蛋，如果不想吃夾蛋，單純吃麵皮的原味也是一大享受。滿天星空下，剔除繁雜的味覺，單純品嚐食物最原始的滋味。

原則 2 進階說明　不同的水溫、水量，會出現不同特性的水調麵食

以麵粉為主，加入不同的水量，配合原料製作不同的麵點。水調麵點的特性是組織札實緊密，口感 Q 彈有彈性，水的溫度與氣候的溫度會同時影響麵粉的吸水性。

> **製作時的氣溫、水量、水溫會影響麵團的吸水性，**
> **綜合上述條件決定材料的質地，**
> **而質地又影響製作甚麼樣的產品。**

打個比方，相同的麵粉量，水量越多則材料越稀，這樣的配方就可能拿來製作蛋餅皮（如本書的軟式蛋餅皮）。而水量越少，便會根據水量的多寡出現濃稠狀、或是成團的狀況，製作時可以根據自己的喜好和口感做調整。

Tips　水調麵並不受限使用「水」，原則上使用各種液態材料皆可（如雞蛋、鮮奶等）。不過雖然沙拉油、橄欖油也是液態，但油脂與麵粉結合會變成油酥，便不屬於水調麵的範圍了。

接下來來談談水溫
水調麵食根據水的溫度，大致又可以分成四個類別：

1	2	3	4
冷水麵食	溫水燙麵	半燙麵	全燙麵
1 自成一類	2~4 都屬於燙麵		

1 冷水麵食：

水的溫度越高，筋性越弱。冷水麵團的特性是筋性好，具有好的韌性與操作性，製作出的麵團顏色較白，但如果今天把水替換成雞蛋，就會變成雞蛋麵，麵團顏色會比較黃。冷水麵適合水煮類的麵食，比如麵條、扯麵、水餃、貓耳朵等，都是不錯的選擇。

冷水麵食的作法，大部分都需要醒麵或鬆弛，冷水麵團需要一定的時間進行鬆弛，把麵團靜置，讓麵粉得以與水分結合，形成好的延展性、彈性與操作性。醒麵與鬆弛對於冷水麵來說是非常重要的，鬆弛不足或醒麵不足的冷水麵，操作時會直接斷裂，不具備延展性。

2 3 4 燙麵麵食：

水的溫度越高筋性越弱。燙麵的特性是麵團筋性較差，但可塑性良好、不易變形。製作燙麵可用溫水或全部沸水。常見的蒸餃、燒賣、蔥油餅、抓餅、蛋餅、燒餅、小籠湯包、烙餅等都可以使用溫水燙麵或半燙麵製作。利用不同溫度、不同性質的麵團，製作不同產品。

溫水燙麵	半燙麵	全燙麵
水的溫度以 60~70°C 為宜，使用溫度計正確測量需求溫度，再冲入麵粉裡攪拌均勻，就是溫水燙麵。 Tips 溫水一次性與麵粉拌勻，就是「溫水燙麵」。	先用 100°C 沸水冲入麵粉內，筷子拌成棉絮狀使麵粉先糊化，再加入冷水調節軟硬度，使麵團充分吸收。燙麵麵團筋性較差，麵團會比較黏，必須經過鬆弛冷卻，讓麵團具有良好的可塑性以利操作。 Tips 水分兩次加入，先沖入熱水拌勻糊化，再與冷水拌勻，就是「半燙麵」。	配方內水全部使用沸水，使麵粉完全糊化，麵團吸水量增加一倍左右。水的溫度越高，麵粉吸水性越強（也就是水溫越高，筋性就越弱），但產品的保水性更強，老化速度也會減緩。 Tips 沸水一次性與麵粉拌勻，就是「全燙麵」。

燙麵溫度的變化，會對吸水量、筋性有甚麼影響？

攝氏溫度	吸水量	筋性
25~30°C	正常吸水量	水的溫度越高，筋性越弱
50°C	麵粉吸水量開始產生變化（開始具備些許糊化現象）	
60°C	開始產生糊化現象，麵團會比常溫 25~30°C 大，因為吸水量增加	
70°C	麵粉蛋白質受熱變形凝固，筋性開始下降	
80°C	從 80°C 以上開始，大量澱粉溶於水，黏性會增加，吸水性變更好	

● 原則 3、原則 4 進階說明 觀察配方的辦法 & 更具風味的方法

原則 3 與 4 都屬於配方範疇，因此我們一起說明。為了使產品的風味更具變化性，食譜中會出現各式調味料（如糖、白胡椒粉等），最簡單的麵點甚至只需要有水與麵粉就可以製作。想像一下，露營時把水與麵粉混勻，硬的麵團做麵條、水餃皮；軟硬適中的麵團做蔥油餅；呈麵糊狀的做蛋餅。

我們以下頁「水調麵食」基本麵皮說明，材料 A 除了中筋粉心粉是麵粉之外，其餘的材料基本上都是為了讓麵團更具風味所添加的調味料。比較需要注意的材料有「鹽與油脂」。鹽其實是可以增加麵團韌性的，但因為我們做的量比較少，因此不會產生太大的風味、質地影響。添加沙拉油（油脂類）則會使麵團比較柔軟，老化速度會變慢。

如何換算材料？

麵粉的百分比皆是 100%，所有材料要以麵粉為基準（100%），換算各項材料對麵粉的百分比是多少。

再次以下頁「水調麵食」基本麵皮示範。為求精準，這次我們將百分比的小數點全部列出，下頁配方是乘以 8 倍得出的結果，原則上建議製作時，至少要製作到麵粉有 300~500 公克，才具備基本操作性。如果想做少量，卻一不小心做得太少，反而會因為操作性、耗損等狀況，難以製作，如材料太少麵團太小顆，難以搓揉延展等。

製作前麵團前，若是有包餡的材料，必須先換算好皮／餡的分割重量

製作會有耗損，麵團與餡料可能會出現多、少的狀況，大部分製作數量誤差落於正負 1~3。不需對於做多做少的狀況太過焦心，勤作勤練習就能精準抓住配方比例，熟能生巧。

皮的換算使用烘焙百分比：麵粉的百分比是 100%，換算其他材料百分比
餡的換算使用普通百分比：每一個材料對應總材料 100% 是多少。

「水調麵食」基本麵皮：配方

這裡為大家實際演示水溫與水量對麵團的改變。與其給很多配方讓大家做，我認為單純用一個配方，只變化水量與水溫，大家在做的時候更可以直接地感受到變化。接下來要介紹的麵食基本上是以這個食譜做變化。換句話說，想製作「❹ 餡餅變化」，把材料 A 秤好，根據「❹ 餡餅變化」欄位秤取沸水與冷水即可。

Step 1：秤出材料 A　　六款商品的材料 A 皆是一致的

	材料	百分比	公克
A	中筋粉心粉	100	800
	鹽	1	8
	白胡椒粉	0.5	4
	味素	0.625	5
	細砂糖	2.5	20
	乾燥蔥	0.25	使用約 1~2
	沙拉油	3.75	30

Step 2：秤出材料 B、C　　根據想要製作的類別，秤出欄位的「沸水」與冷水

	材料	❺ 溫水麵皮 ❻ 水餃與煎餃		❹ 餡餅		❷ 抓餅 ❸ 捲餅		❶ 蔥油餅	
		百分比	公克	百分比	公克	百分比	公克	百分比	公克
B	沸水	30	240	30	240	40	320	50	400
C	冷水	40	320	40	320	30	240	25	200

如果把 ❹ 餡餅的沸水與冷水比例交換，或者是沸水全數替換成冷水可以嗎？可以的！（唯一不推薦的是全燙麵，詳盡原因見 P.17）。老師也相當推薦變換方法製作，如果妳也有想到這個方式變化那可真是太好了，我把配方做成這樣的表格，一次性全部列出來，一部分也是希望大家可以融會貫通，不再只是死板的照著食譜製作。初學者當然還是得按部就班累積經驗，但當提升熟悉度後，不妨把手法替換一下；原本做半燙麵的改溫水燙麵；做溫水燙麵的改半燙麵。當製作同一個產品，僅僅改變了水溫，會有怎樣的變化？我希望傳遞給大家多采多姿，擁有無限可能的麵點世界，讓大家理解麵點世界的美好。

「水調麵食」的基本流程

本書製作的產品一共有六種，分別是 ❶ **蔥油餅**；❷ **抓餅**；❸ **捲餅**；❹ **餡餅**；❺ **溫水麵皮變化**（水分比較多的餅皮與麵糊類）；❻ **水餃與煎餃**。雖說製作水調麵食的步驟並非固定不變的，但我們依舊可以簡單歸類成下面幾個步驟。

- Step 1 攪拌
- Step 2 鬆弛
- Step 3 分割
- Step 4 擀開
- Step 5 包餡或鋪料
- Step 6 整形
- Step 7 熟製

進一步說明舉例的話，原則上 Step1~4 的程序是每一款都有的。後續的製作程序會根據要製作的產品不同，而有不同變化，下面我簡單整理本書的水調麵製作程序。

❶ **蔥油餅**把麵皮擀開之後，會撒適量的蔥花再做整形熟製。熟製後可以選擇夾餡或不夾餡，不夾餡可以單吃餅的香氣，夾餡可以製作炸彈蔥油餅。

❷ **抓餅**會根據食用習慣，熟製後表面可以鋪餡，也可以不鋪餡。但抓餅的精華在於一個「抓」字，本書的抓餅作法相當特別，歡迎大家一試（見 P.30~P.47）。

❸ **捲餅**把麵皮擀開之後，會撒適量的蔥花再做整形熟製，就跟蔥油餅一樣，但讓捲餅風靡世界的關鍵在於餡料，鋪上各種不同的食材，成就多樣化的美味。

❹ **餡餅**則是本頁標準的製作程序。

❺ **溫水麵皮**會有麵團類餅皮與麵糊類餅皮，麵糊類會省略 Step 4 擀開到 Step 6 整形。

❻ **水餃與煎餃**都是要包入餡料的，在開始麵團攪拌前，要先把內餡備妥，並且餡料要完全放涼（除了會出水的材料蔥或是蔬菜不加入拌勻外，其餘的材料都要完成到放涼）。

「水調麵食」基本麵皮：作法

冷水麵食、溫水燙麵作法

1 攪拌缸加入材料 A。

本圖為勾狀攪拌器，應使用
槳狀攪拌器（如作法 3）

2 倒入液體（水）。（冷水只要直接倒入即可，溫水則對應配方的沸水、冷水，倒入前先將兩者混勻成溫水）

3 攪拌缸轉慢速，一開始慢速是為了讓材料慢慢成團，粉類也比較不會噴濺。

4 慢速攪拌到看不到乾粉、水分時，轉中速攪拌，攪拌到麵團表面變得更光滑細緻。

5 雙手沾少許手粉（沾中筋麵粉）把麵團收整成圓形，表面蓋上袋子隔絕空氣，室溫靜置醒麵 30 分鐘。

6 醒麵（也可以稱鬆弛）之後，麵團的表面就會變得更光滑。

半燙麵作法

1　攪拌缸加入材料 A。

2　加入沸水，慢速拌成棉絮狀，使麵粉先糊化。一開始慢速是為了讓材料慢慢成團，粉類也比較不會噴濺。

3　加入冷水，一樣用慢速讓液體與材料慢慢結合。

4　慢速攪拌到看不到乾粉、水分時，轉中速攪拌，攪拌到麵團表面變得更光滑細緻。

5　雙手沾少許手粉（沾中筋麵粉）把麵團收整成圓形，表面蓋上袋子隔絕空氣，室溫靜置醒麵 30 分鐘。

6　醒麵（也可以稱鬆弛）之後，麵團的表面就會變得更光滑。

全燙麵作法 （全燙麵建議做湯種，本書產品不推薦用全燙麵技法製作）

「全燙麵」麵粉與水的吸水性是百分之百，攪拌前期因為水分過多，麵團會比較軟爛，並且溫度高麵皮本身沒有筋性也沒有韌性，揉好的麵皮會很硬。全燙麵比較適合做起種的麵團，比如湯種。

1　攪拌缸加入材料 A。

2　加入沸水，慢速拌成棉絮狀，使麵粉先糊化。

3　一開始慢速是為了讓材料慢慢成團，粉類也比較不會噴濺，材料的結合性還不夠，所以會呈現如上圖般粗糙的質感。

4　慢速攪拌到看不到乾粉、水分時，轉中速攪拌，攪拌到麵團表面變得更光滑細緻。

5　雙手沾少許手粉（沾中筋麵粉）把麵團收整成圓形，表面蓋上袋子隔絕空氣，室溫靜置醒麵 30 分鐘。

6　醒麵（也可以稱鬆弛）之後，麵團的表面就會變得更光滑。

No.1 家庭版蔥油餅

麵皮配方

參考 P.13 基本麵皮，❶ 蔥油餅欄配方秤取材料。

★乾燥蔥不用秤，也不用加入拌勻，這個麵團是白麵團。

麵皮作法

參考 P.15~16，選擇半燙麵或溫水燙麵技法，製作到醒麵鬆弛好的階段。我自己製作時是採用「半燙麵」操作。

★起缸時可以在缸內倒入些許沙拉油慢速攪拌 5 秒，輔助起缸。該頁作法 5 寫沾手粉，但製作蔥油餅沾沙拉油防止沾黏即可。

作法2

作法3

作法4

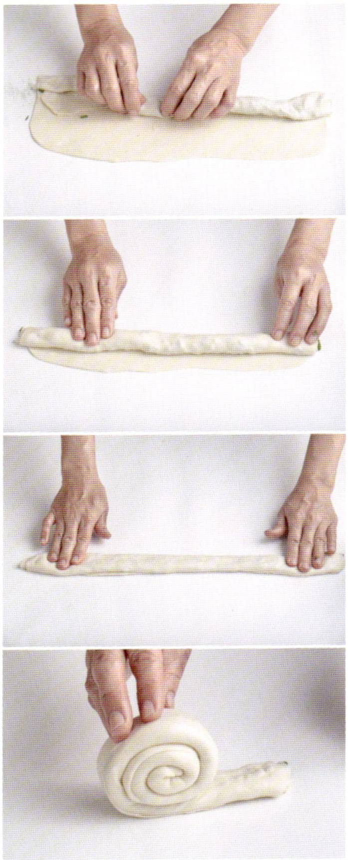

作法7

Tips 【鋪麵團】：另外準備油酥與青蔥花。油酥的比例是低筋麵粉 80g、鄭記香蔥豬油 100g，混合均勻即可使用。青蔥洗淨一定要用紙巾吸乾或瀝乾水分，水分過多麵團容易破損。並且蔥要切細，蔥花太粗會刺破麵皮。

1 取醒麵鬆弛好的麵皮，分割 120g，擀麵棍擀 30 公分正方片。

★蔥油餅系列都會使用油防止沾黏，用中筋麵粉當手粉的話，熟製時容易黑鍋，並且會有粉粉的口感。

2 表面抹一點油酥，再撒上適量蔥花。

3 取 1/3 段的大小向前摺起，再慢慢往上摺起成長條狀。

4 由左至右捲起成螺旋狀，尾端收入麵皮中。

5 如果麵皮操作性不佳，表面蓋上袋子，室溫靜置鬆弛 10~15 分鐘。要鬆弛恢復操作性，麵皮才不會擀了又一直回縮。

6 平底不沾鍋先熱鍋，再倒入適量沙拉油熱油。

★如果鍋子不夠熱、油不夠熱就下餅皮，餅皮會吸收很多油脂，含油量會變很高，吃起來會很膩。

7 桌面、手、擀麵棍抹油，麵團擀直徑 15~20 公分薄片，鋪入平底鍋內，中大火兩面煎至金黃熟透即可。

No.2 夜市版蔥油餅

麵皮配方

參考 P.13 基本麵皮，❶ 蔥油餅欄配方秤取材料。

★乾燥蔥不用秤，也不用加入拌勻，這個麵團是白麵團。

麵皮作法

參考 P.15~16，選擇半燙麵或溫水燙麵技法，製作到醒麵鬆弛好的階段。我自己製作時是採用「半燙麵」操作。

★起缸時可以在缸內倒入些許沙拉油慢速攪拌 5 秒，輔助起缸。該頁作法 5 寫沾手粉，但製作蔥油餅沾沙拉油防止沾黏即可。

作法2
作法3

作法4
作法7

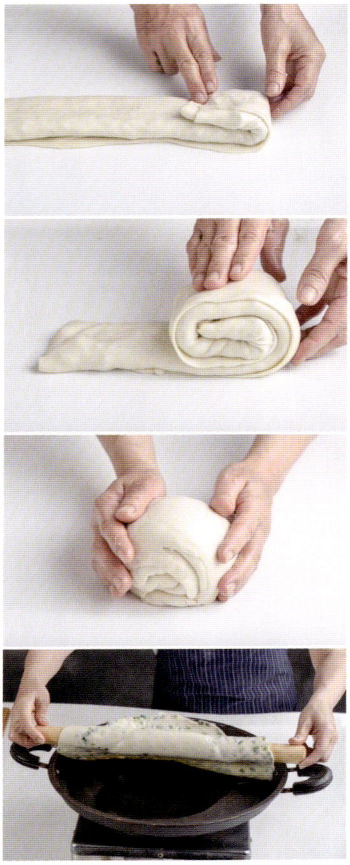

Tips 【鋪麵團】：另外準備油酥與青蔥花。油酥的比例是低筋麵粉 80g、鄭記香蔥豬油 100g，混合均勻即可使用。青蔥洗淨一定要用紙巾吸乾或瀝乾水分，水分過多麵團容易破損。並且蔥要切細，蔥花太粗會刺破麵皮。

1 取醒麵鬆弛好的麵皮，分割 400g，擀麵棍擀 50 公分正方片（這個數據是夜市版的，想擀更大張也可以，但要注意熟製的容器夠不夠大）。

★蔥油餅系列都會使用油防止沾黏，用中筋麵粉當手粉的話，熟製時容易黑鍋，並且會有粉粉的口感。

2 表面抹一點油酥，再撒上適量蔥花。

3 取 10 公分朝上摺，摺成長條片。

4 輕壓排氣，再取 10 公分左右摺起，尾端收入麵皮中。

5 如果麵皮操作性不佳，表面蓋上袋子，室溫靜置鬆弛 10~15 分鐘。要鬆弛恢復操作性，麵皮才不會擀了又一直回縮。

6 不沾鍋先熱鍋，再倒入適量沙拉油熱油。

★如果鍋子不夠熱、油不夠熱就下餅皮，餅皮會吸收很多油脂，含油量會變很高，吃起來會很膩。

7 桌面、手、擀麵棍抹油，麵團擀直徑 40 公分圓片。用擀麵棍捲起麵皮，再反向將麵皮一點一點放入不沾鍋中。中大火兩面煎至金黃熟透即可，注意翻面要用鏟子搭配夾子，只用鏟子或只用夾子會不好操作，家庭用火都集中在中心，所以中心會比較容易上色。

No.3 宜蘭蔥油餅

麵皮配方

參考 P.13 基本麵皮，❶ 蔥油餅欄配方秤取材料。

麵皮作法

參考 P.15~16，選擇半燙麵或溫水燙麵技法，製作到醒麵鬆弛好的階段。我自己製作時是採用「半燙麵」操作。

★起缸時可以在缸內倒入些許沙拉油慢速攪拌 5 秒，輔助起缸。該頁作法 5 寫沾手粉，但製作蔥油餅沾沙拉油防止沾黏即可。

作法2

作法3
作法4

作法7

Tips

【鋪麵團】：另外準備油酥與調味蔥花。油酥的比例是低筋麵粉 80g、鄭記香蔥豬油 100g，混合均勻即可使用。

調味蔥花的配方是青蔥花 500g、鹽 8g、雞粉 5g、白胡椒粉 4g、鄭記香蔥油 3g，使用前才混合均勻，避免蔥花出水。

青蔥洗淨一定要用紙巾吸乾或瀝乾水分，水分過多麵團容易破損，並且蔥要切細，蔥花太粗會刺破麵皮。

1 取醒麵鬆弛好的麵皮，分割 120g，擀麵棍擀 30 公分長片。

★蔥油餅系列都會使用油防止沾黏，用中筋麵粉當手粉的話，熟製時容易黑鍋，並且會有粉粉的口感。

2 表面抹一點油酥，再撒適量調味蔥花。

3 取 1/3 段的大小向中間摺起，再取另一端朝中心摺，摺成長條片。

4 由左至右捲起，尾端收入麵皮中。

5 如果麵皮操作性不佳，表面蓋上袋子，室溫靜置鬆弛 10~15 分鐘。要鬆弛恢復操作性，麵皮才不會擀了又一直回縮。

6 不沾鍋先熱鍋，再倒入適量沙拉油熱油。

★如果鍋子不夠熱、油不夠熱就下餅皮，餅皮會吸收很多油脂，含油量會變很高，吃起來會很膩。

7 桌面、手、擀麵棍抹油，麵團擀直徑 15 公分圓片，鋪入平底鍋內，中大火兩面煎至金黃熟透即可。

No.4 花蓮炸彈蔥油餅

麵團配方

	材料	百分比	公克
A	中筋粉心粉	100	800
A	鹽	1	8
A	白胡椒粉	0.5	4
A	味素	0.625	5
A	糖	2.5	20
A	乾燥蔥	0.25	使用約 1~2
A	豬油	3.75	30
B	沸水	50	400
C	冷水	25	200

使用的夾料

材料	公克
蔥花	100
雞蛋	15 顆
韓式泡菜	600

➔ 夾料是當麵團熟置完畢後，夾在餅皮內的食材，準備適量就可以。

鋪麵團的油酥 & 蔥花

➔ 另外準備油酥與調味蔥花。油酥的比例是低筋麵粉 80g、鄭記香蔥豬油 100g，混合均勻即可使用。

Tips

這個麵團是由★「水調麵食」基本麵皮：配方變化而來，把液態的沙拉油改成豬油，沸水與冷水的比例稍作調整。

辣椒沾醬

材料	公克
蔥花	200
大、小辣椒切花	各切 4 根
龜甲萬醬油	75
金蘭醬油膏	75
開水	300
辣油或香油	適量

➔ 所有材料備妥，拌勻即可。當天調味使用完畢。

醬油沾醬

材料	公克
龜甲萬醬油	50
金蘭醬油膏	50
水	300
二砂糖	20
在來米粉	20
辣油或香油	15
蒜泥	30

➔ 所有材料一同拌勻煮滾，放涼即可使用。煮好可冷藏備用一個星期。

麵皮作法

1 參考 P.15~16，選擇半燙麵或溫水燙麵技法，製作到醒麵鬆弛好的階段。我自己製作時是採用「半燙麵」操作。分割 100g。

★起缸時可以在缸內倒入些許沙拉油慢速攪拌 5 秒，輔助起缸。該頁作法 5 寫沾手粉，但製作蔥油餅沾沙拉油防止沾黏即可。

★蔥油餅系列都會使用油防止沾黏，用中筋麵粉當手粉的話，熟製時容易黑鍋，並且會有粉粉的口感。

2 擀麵棍擀 15 公分正方片，表面抹一點油酥，再撒上適量蔥花。

3 朝上摺疊一次。

4 再順勢捲起。

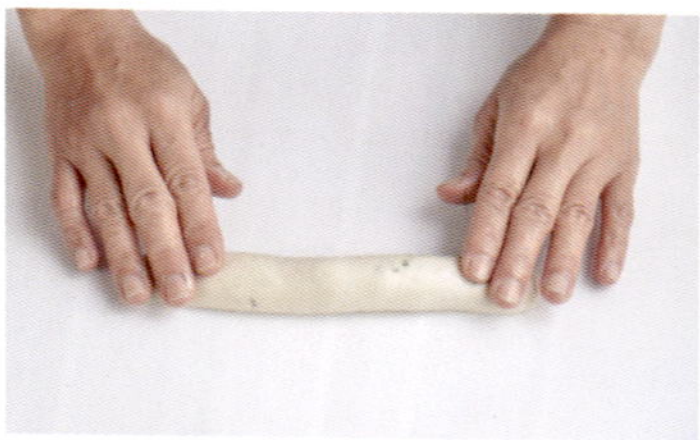

5 捲起成長條狀。

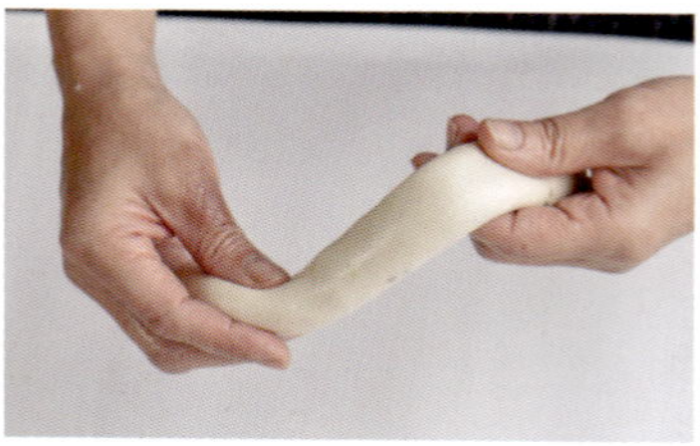

6 兩手各取一端。

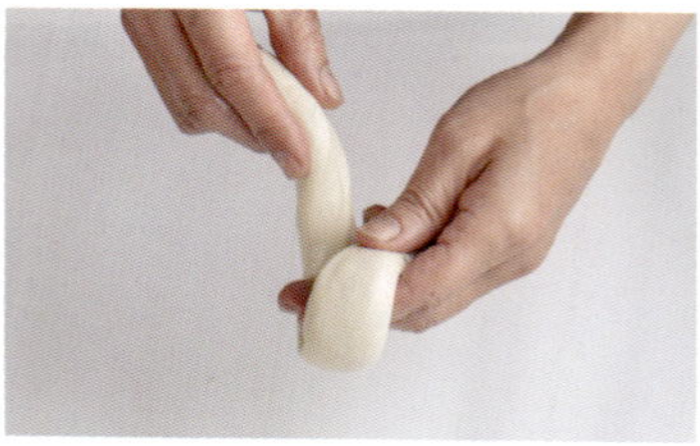

7 食指做為中心，把麵團繞起。

8 繞起後注意收尾。

9 收尾要把尾部的麵團，藏在底部。

10 要收入麵團內。

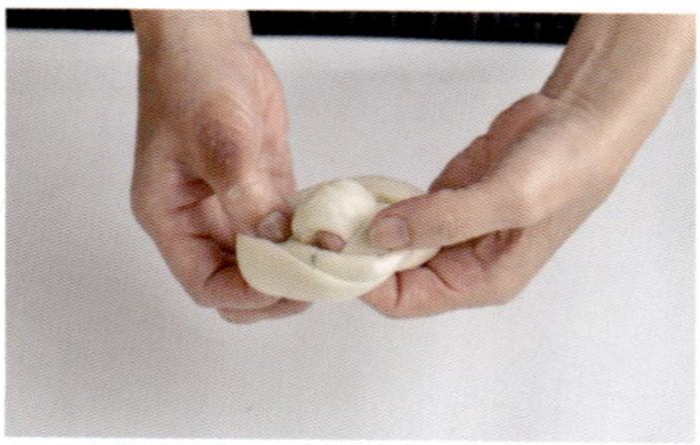

11 妥善收好，麵團才會漂亮。表面蓋上袋子，室溫靜置鬆弛 10~15 分鐘。

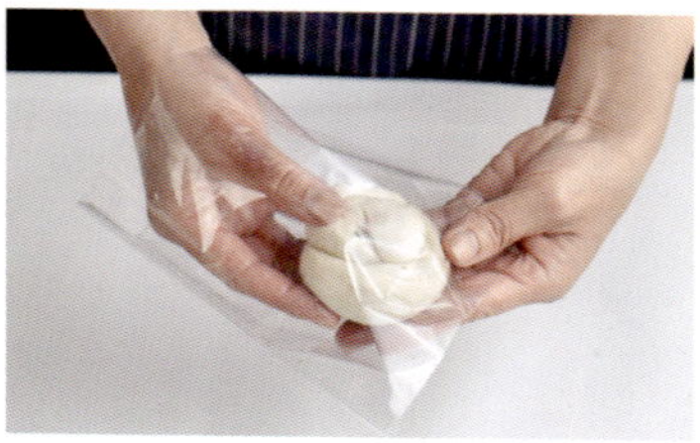

12 想長期保存可以把整個麵團沾上油，放入袋子中密封。

13 鬆弛後，手與桌面沾沙拉油，利用油把麵團推展，推展成 25 公分圓片。

Tips ★成品做好冷藏熟成一天口感風味更佳，麵團延展性與操作性更好。

14 起油鍋，要用炸的油量要夠，油溫至少達攝氏 200˚C。

15 雙手放下麵皮，由溫如果夠，麵皮會瞬間膨脹。

16 用中大火慢慢炸熟。

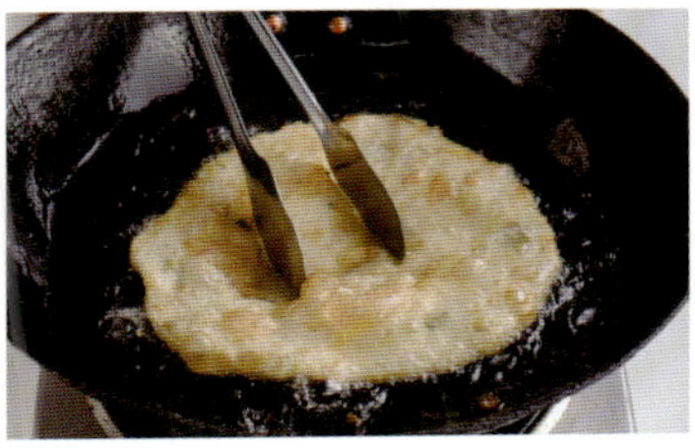

17 單面炸約 15~20 秒就可以翻面。

18 反覆這個動作把兩面炸至金黃。

19 把炸好的餅皮撈起瀝乾。同一個鍋子繼續炸夾料的雞蛋。

20 油溫如果夠雞蛋基本上很快會炸熟。

21 撈起瀝油。

22 依個人口味刷上辣椒沾醬或醬油沾醬。

23 放上炸好的雞蛋、大概擠乾的韓式泡菜。

24 可以撒一點蔥花配色（也可以不撒）。把餅皮夾起。

25 放入紙袋隔熱，開動～

Tips ★不可炸太久水分流失太多餅皮會很乾硬，炸 50 秒左右就需結束。

No.5 屏東蔥肉餅

麵皮配方

參考 P.13 基本麵皮，❶ 蔥油餅欄配方秤取材料。

麵皮作法

參考 P.15~16，選擇半燙麵或溫水燙麵技法，製作到醒麵鬆弛好的階段。我自己製作時是採用「半燙麵」操作。

★起缸時可以在缸內倒入些許沙拉油慢速攪拌 5 秒，輔助起缸。該頁作法 5 寫沾手粉，但製作蔥油餅沾沙拉油防止沾黏即可。

Tips

【鋪麵團】：另外準備油酥與調味火腿蔥花。油酥的比例是低筋麵粉 80g、鄭記香蔥豬油 100g，混合均勻即可使用。

蔥花肉餡的配方是基底肉餡（詳 P. 56）200g、青蔥 40g 五香粉少許、水 10g，混合均勻即可使用。

青蔥洗淨一定要用紙巾吸乾或瀝乾水分，水分過多麵團容易破損，並且蔥要切細，蔥花太粗會刺破麵皮。

作法2
作法3

作法4
作法7、8

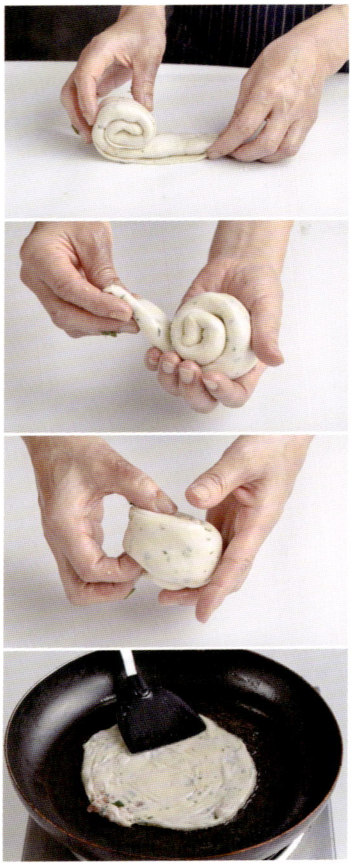

1 取醒麵鬆弛好的麵皮，分割 100g，擀麵棍擀 15 公分長片。

★蔥油餅系列都會使用油防止沾黏，用中筋麵粉當手粉的話，熟製時容易黑鍋，並且會有粉粉的口感。

2 表面抹一點油酥，再撒上 30g 蔥花肉餡。

3 取 1/3 段的大小向中間摺起，再順勢摺起，摺成長條片。

4 由左至右捲起，尾端收入麵皮中。

5 如果麵皮操作性不佳，表面蓋上袋子，室溫靜置鬆弛 10~15 分鐘。要鬆弛恢復操作性，麵皮才不會擀了又一直回縮。

6 不沾鍋先熱鍋，再倒入適量沙拉油熱油。

★如果鍋子不夠熱、油不夠熱就下餅皮，餅皮會吸收很多油脂，含油量會變很高，吃起來會很膩。

7 桌面、手、擀麵棍抹油，麵團擀直徑 15 公分圓片，放入平底鍋內，中大火兩面煎至金黃熟透即可。

8 原鍋打 1 顆雞蛋，蛋煎到半熟時撒適量九層塔，蓋上餅皮，用鏟子輕輕壓，讓蛋與麵皮密合，煎熟完成。

需要特別泡油鬆弛的產品 ❷ 抓餅

1　先看一下麵團的大小，準備差不多大的容器，容器內倒入適量沙拉油。

2　根據每一道的配方分割醒好麵的麵團，如果沒有特別寫分割重量的話，分割 120g。

3　排入容器中。

4　用手指均勻按壓麵團表面，確保每一個麵團的四面都有沾到沙拉油。

5　要擠到邊緣幾乎沒有空間，當容器被麵團擠壓到沒有空間，沙拉油就會往表面移動。

6　油量不用多到可以淹過麵團，如上圖即可，再用袋子妥善包覆，室溫鬆弛 3 小時。

營業與家庭用，秘傳抓餅技術！

要讓抓餅可以永遠保持層次，訣竅就是「抹油酥＋撒中筋麵粉」。抹油酥會有層次，但隨著時間推移，麵團會把油吸收，產品的層次會消失。家庭做完後現場會吃掉，當天食用都只要抹沙拉油就好了，但如果做生意一定要用油酥（油酥會讓產品的層次更加明顯），這是一個銷售上的訣竅，有些人可能做完一個禮拜，或是兩三天層次就不見了，在製程中抹油酥、撒粉，即使放入冷凍，它的層次會永遠都保持住，不會隨著時間不見。

讓抓餅快速去油整形的方法

1　把熟製好的產品放上兩張長型廚房紙巾上，紙巾在覆蓋時要完全蓋住產品。

2　先取一側蓋住。

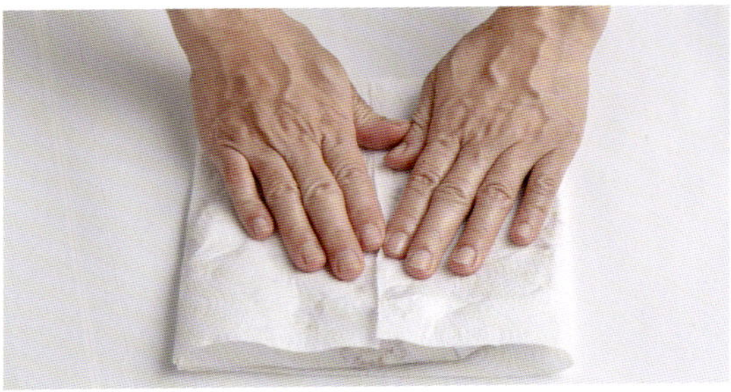

3　再依序全部蓋上。

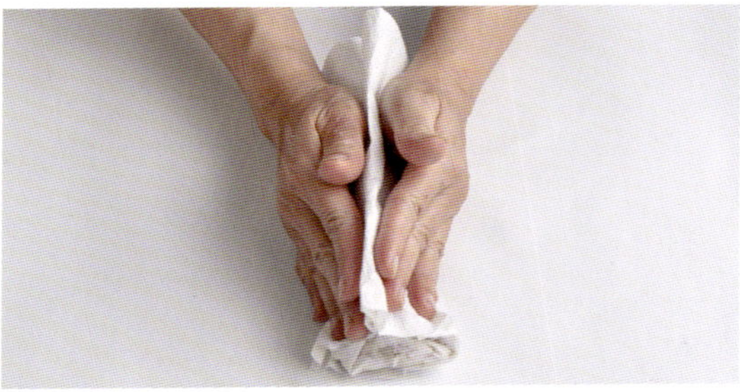

4　雙手從左右兩側快速朝內拍打 3 下。

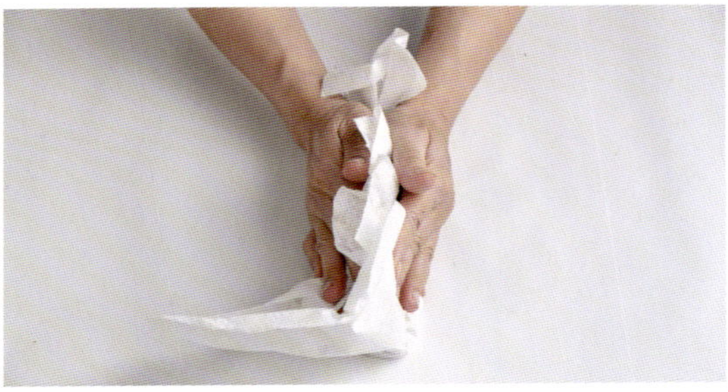

5　轉 90 度，再次拍打 3 下。

6　這個方式就在整形的同時，可以順便把多餘的油脂去除。

No.6 蔥抓餅

麵皮配方

參考 P.13 基本麵皮，❷ 抓餅欄配方秤取材料。

麵皮作法

參考 P.15~16，選擇半燙麵或溫水燙麵技法，製作到醒麵鬆弛好的階段。我自己製作時是採用「半燙麵」操作。

泡油鬆弛

參考 P.30 的作法，將麵團泡入沙拉油中，製作到鬆弛完畢的階段。

Tips

【鋪麵團】：另外準備油酥、防沾黏用的中筋麵粉、青蔥花。油酥的比例是低筋麵粉 80g、鄭記香蔥豬油 100g，混合均勻即可使用。青蔥洗淨一定要用紙巾吸乾或瀝乾水分，水分過多麵團容易破損，並且蔥要切細，蔥花太粗會刺破麵皮。

1 取泡油鬆弛好的麵皮，擀麵棍推成 40 公分正方片。

★這邊不用另外沾沙拉油，鬆弛的油就足夠操作。抓餅系列都會使用油防止沾黏，用中筋麵粉當手粉的話，熟製時容易黑鍋，並且會有粉粉的口感。

2 表面抹一點油酥、中筋麵粉，再撒上適量蔥花。

3 整片拿起，慢慢邊放邊收摺。

4 由左至右捲起成螺旋狀，尾端收入麵皮中。

5 如果麵皮操作性不佳，表面蓋上袋子，室溫靜置鬆弛 10~15 分鐘。要鬆弛恢復操作性，麵皮才不會擀了又一直回縮。

6 平底不沾鍋先熱鍋，再倒入適量沙拉油熱油。

★如果鍋子不夠熱、油不夠熱就下餅皮，餅皮會吸收很多油脂，含油量會變很高，吃起來會很膩。

7 桌面、手、擀麵棍抹油，麵團擀直徑 20 公分薄片，鋪入平底鍋內，中大火兩面煎至金黃熟透即可。

8 參考 P.31 ◎讓抓餅快速去油整形的方法，整形完成。

No.7 原味抓餅

麵皮配方

參考 P.13 基本麵皮，❷ 抓餅欄配方秤取材料。

麵皮作法

參考 P.15~16，選擇半燙麵或溫水燙麵技法，製作到醒麵鬆弛好的階段。我自己製作時是採用「半燙麵」操作。

泡油鬆弛

參考 P.30 的作法，將麵團泡入沙拉油中，製作到鬆弛完畢的階段。

作法2

作法3

作法4

作法7

Tips　【鋪麵團】：另外準備油酥、防沾黏用的中筋麵粉。油酥的比例是低筋麵粉 80g、鄭記香蔥豬油 100g，混合均勻即可使用。

1　取泡油鬆弛好的麵皮，擀麵棍推成 40 公分正方片。

★這邊不用另外沾沙拉油，鬆弛的油就足夠操作。抓餅系列都會使用油防止沾黏，用中筋麵粉當手粉的話，熟製時容易黑鍋，並且會有粉粉的口感。

2　表面抹一點油酥、中筋麵粉。

3　整片拿起，慢慢邊放邊收摺。

4　由左至右捲起成螺旋狀，尾端收入麵皮中。

5　如果麵皮操作性不佳，表面蓋上袋子，室溫靜置鬆弛 10~15 分鐘。要鬆弛恢復操作性，麵皮才不會擀了又一直回縮。

6　平底不沾鍋先熱鍋，再倒入適量沙拉油熱油。

★如果鍋子不夠熱、油不夠熱就下餅皮，餅皮會吸收很多油脂，含油量會變很高，吃起來會很膩。

7　桌面、手、擀麵棍抹油，麵團擀直徑 20 公分薄片，鋪入平底鍋內，中大火兩面煎至金黃熟透即可。

8　參考 P.31 ◎讓抓餅快速去油整形的方法，整形完成。

No.8 塔香抓餅

麵皮配方

參考 P.13 基本麵皮，❷ 抓餅欄配方秤取材料。

麵皮作法

參考 P.15~16，選擇半燙麵或溫水燙麵技法，製作到醒麵鬆弛好的階段。我自己製作時是採用「半燙麵」操作。

泡油鬆弛

參考 P.30 的作法，將麵團泡入沙拉油中，製作到鬆弛完畢的階段。

作法2

作法3

作法4

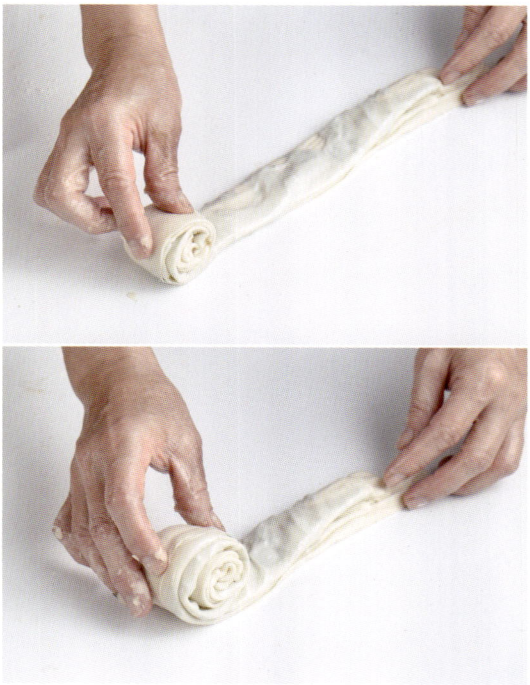

Tips

【鋪麵團】：
另外準備油酥、防沾黏用的中筋麵粉、九層塔碎。油酥的比例是低筋麵粉 80g、鄭記香蔥豬油 100g，混合均勻即可。

1 取泡油鬆弛好的麵皮，擀麵棍推成 40 公分正方片。

★這邊不用另外沾沙拉油，鬆弛的油就足夠操作。抓餅系列都會使用油防止沾黏，用中筋麵粉當手粉的話，熟製時容易黑鍋，並且會有粉粉的口感。

2 表面抹一點油酥、中筋麵粉，撒適量九層塔碎。

3 整片拿起，慢慢邊放邊收摺。

4 由左至右捲起成螺旋狀，尾端收入麵皮中。

★收摺→捲起作法皆一致，可參照 P. 35 步驟圖。

5 如果麵皮操作性不佳，表面蓋上袋子，室溫靜置鬆弛 10~15 分鐘。要鬆弛恢復操作性，麵皮才不會擀了又一直回縮。

6 平底不沾鍋先熱鍋，再倒入適量沙拉油熱油。

★如果鍋子不夠熱、油不夠熱就下餅皮，餅皮會吸收很多油脂，含油量會變很高，吃起來會很膩。

7 桌面、手、擀麵棍抹油，麵團擀直徑 20 公分薄片，鋪入平底鍋內，中大火兩面煎至金黃熟透即可。

8 參考 P.31 ◎讓抓餅快速去油整形的方法，整形完成。

No.9 小茴香抓餅

麵皮配方

參考 P.13 基本麵皮，❷ 抓餅欄配方秤取材料。

麵皮作法

參考 P.15~16，選擇半燙麵或溫水燙麵技法，製作到醒麵鬆弛好的階段。我自己製作時是採用「半燙麵」操作。

泡油鬆弛

參考 P.30 的作法，將麵團泡入沙拉油中，製作到鬆弛完畢的階段。

作法2

作法3

作法4

作法7

Tips

【鋪麵團】：
另外準備油酥、防沾黏用的中筋麵粉、小茴香碎。油酥的比例是低筋麵粉 80g、鄭記香蔥豬油 100g，混合均勻即可。

1 取泡油鬆弛好的麵皮，擀麵棍推成 40 公分正方片。

★這邊不用另外沾沙拉油，鬆弛的油就足夠操作。抓餅系列都會使用油防止沾黏，用中筋麵粉當手粉的話，熟製時容易黑鍋，並且會有粉粉的口感。

2 表面抹一點油酥、中筋麵粉，撒適量小茴香碎。

3 整片拿起，慢慢邊放邊收摺。

4 由左至右捲起成螺旋狀，尾端收入麵皮中。

★收摺→捲起作法皆一致，可參照 P. 35 步驟圖。

5 如果麵皮操作性不佳，表面蓋上袋子，室溫靜置鬆弛 10~15 分鐘。要鬆弛恢復操作性，麵皮才不會擀了又一直回縮。

6 平底不沾鍋先熱鍋，再倒入適量沙拉油熱油。

★如果鍋子不夠熱、油不夠熱就下餅皮，餅皮會吸收很多油脂，含油量會變很高，吃起來會很膩。

7 桌面、手、擀麵棍抹油，麵團擀直徑 20 公分薄片，鋪入平底鍋內，中大火兩面煎至金黃熟透即可。

8 參考 P.31 ◎讓抓餅快速去油整形的方法，整形完成。

No.10 香椿抓餅

麵皮配方

參考 P.13 基本麵皮，❷ 抓餅欄配方秤取材料。

麵皮作法

參考 P.15~16，選擇半燙麵或溫水燙麵技法，製作到醒麵鬆弛好的階段。我自己製作時是採用「半燙麵」操作。

泡油鬆弛

參考 P.30 的作法，將麵團泡入沙拉油中，製作到鬆弛完畢的階段。

作法1

作法2

作法3

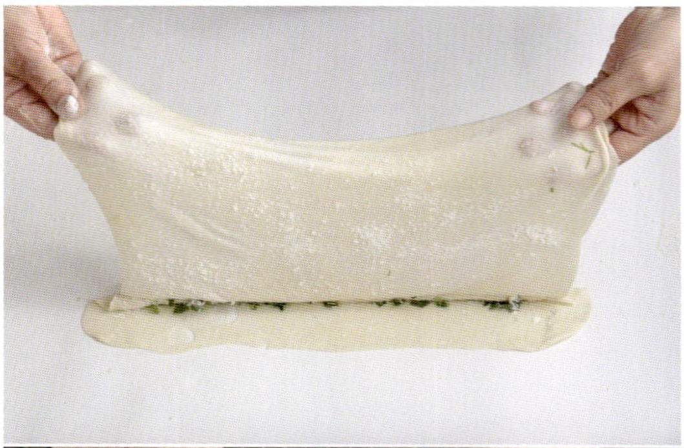

作法4

Tips
【鋪麵團】：
另外準備油酥、防沾黏用的中筋麵粉、香椿碎。油酥的比例是低筋麵粉 80g、鄭記香蔥豬油 100g，混合均勻即可使用。

1 取泡油鬆弛好的麵皮，擀麵棍推成 40 公分正方片。

★這邊不用另外沾沙拉油，鬆弛的油就足夠操作。抓餅系列都會使用油防止沾黏，用中筋麵粉當手粉的話，熟製時容易黑鍋，並且會有粉粉的口感。

2 表面抹一點油酥、中筋麵粉，撒適量香椿碎（也可以使用市售香椿醬，增加風味）。

3 整片拿起，慢慢邊放邊收摺。

4 由左至右捲起成螺旋狀，尾端收入麵皮中。

★收摺→捲起作法皆一致，可參照 P. 35 步驟圖。

5 如果麵皮操作性不佳，表面蓋上袋子，室溫靜置鬆弛 10~15 分鐘。要鬆弛恢復操作性，麵皮才不會擀了又一直回縮。

6 平底不沾鍋先熱鍋，再倒入適量沙拉油熱油。

★如果鍋子不夠熱、油不夠熱就下餅皮，餅皮會吸收很多油脂，含油量會變很高，吃起來會很膩。

7 桌面、手、擀麵棍抹油，麵團擀直徑 20 公分薄片，鋪入平底鍋內，中大火兩面煎至金黃熟透即可。

8 參考 P.31 ◎讓抓餅快速去油整形的方法，整形完成。

No.11 辣味抓餅

麵皮配方

參考 P.13 基本麵皮，❷ 抓餅欄配方秤取材料。

麵皮作法

參考 P.15~16，選擇半燙麵或溫水燙麵技法，製作到醒麵鬆弛好的階段。我自己製作時是採用「半燙麵」操作。

泡油鬆弛

參考 P.30 的作法，將麵團泡入沙拉油中，製作到鬆弛完畢的階段。

作法2
作法3

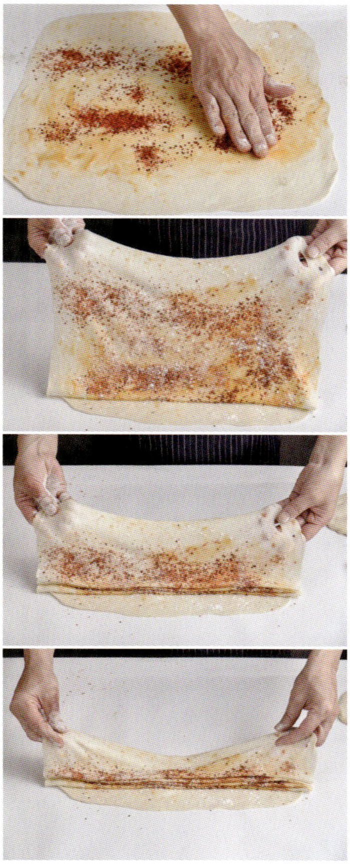

作法4

作法7

Tips 【鋪麵團】：另外準備油酥、防沾黏用的中筋麵粉、另外要撒的粗辣椒粉。油酥的比例是花椒油 10g、辣油 90g、細辣椒粉 10g、低筋麵粉 80g，混合均勻即可使用。

1 取泡油鬆弛好的麵皮，擀麵棍推成 40 公分正方片。

★這邊不用另外沾沙拉油，鬆弛的油就足夠操作。抓餅系列都會使用油防止沾黏，用中筋麵粉當手粉的話，熟製時容易黑鍋，並且會有粉粉的口感。

2 表面抹一點特調辣味油酥、粗辣椒粉、中筋麵粉。

3 整片拿起，慢慢邊放邊收摺。

4 由左至右捲起成螺旋狀，尾端收入麵皮中。

5 如果麵皮操作性不佳，表面蓋上袋子，室溫靜置鬆弛 10~15 分鐘。要鬆弛恢復操作性，麵皮才不會擀了又一直回縮。

6 平底不沾鍋先熱鍋，再倒入適量沙拉油熱油。

★如果鍋子不夠熱、油不夠熱就下餅皮，餅皮會吸收很多油脂，含油量會變很高，吃起來會很膩。

7 桌面、手、擀麵棍抹油，麵團擀直徑 20 公分薄片，鋪入平底鍋內，中大火兩面煎至金黃熟透即可。

8 參考 P.31 ◎讓抓餅快速去油整形的方法，整形完成。

No.12 奶香甜抓餅

甜麵團餅皮

	材料	百分比	公克
A	嘉禾中筋粉心粉	100	800
A	鹽	1	8
A	細砂糖	3.75	30
A	沙拉油	2.5	20
B	沸水	40	320
C	冷水	30	240

★這個品項通常不會有人販售，因為糖在內部放久了會融化、出水，做完要立刻熟製。

麵皮配方

本配方提供的是「甜麵團餅皮」，較 P.13 基本麵皮口味上會比較香甜。

麵皮作法

參考 P.15~16，選擇半燙麵或溫水燙麵技法，製作到醒麵鬆弛好的階段。我自己製作時是採用「半燙麵」操作。

泡油鬆弛

參考 P.30 的作法，分割 150g，將麵團泡入沙拉油中，製作到鬆弛完畢的階段。

作法2　作法3　作法4　作法5　作法8

Tips　【鋪麵團】：另外準備油酥、防沾黏用的中筋麵粉、調味用的 35g 二砂糖。油酥的比例是低筋麵粉 70g、無水奶油 100g，混合均勻即可使用。

1　取泡油鬆弛好的麵皮，擀麵棍推成 40 公分正方片。

★這邊不用另外沾沙拉油，鬆弛的油就足夠操作。抓餅系列都會使用油防止沾黏，用中筋麵粉當手粉的話，熟製時容易黑鍋，並且會有粉粉的口感。

2　麵皮全部抹油酥、撒中筋麵粉，在中心位置 1/3 處撒一半二砂糖。

3　取 1/3 朝前摺起，撒剩餘二砂糖。

4　一節一節向前摺起，不要摺太大。

5　由左至右捲起成螺旋狀，尾端收入麵皮中。

6　如果麵皮操作性不佳，表面蓋上袋子，室溫靜置鬆弛 10~15 分鐘。要鬆弛恢復操作性，麵皮才不會擀了又一直回縮。

7　平底不沾鍋先熱鍋，再倒入適量沙拉油熱油。

★如果鍋子不夠熱、油不夠熱就下餅皮，餅皮會吸收很多油脂，含油量會變很高，吃起來會很膩。

8　桌面、手、擀麵棍抹油，麵團擀直徑 25~30 公分薄片，鋪入平底鍋內，中大火兩面煎至金黃熟透即可。

9　參考 P.31 ◎讓抓餅快速去油整形的方法，整形完成。

★甜的當天製作當天食用完畢。

No.13 肉桂甜抓餅

麵皮配方

參考 P.44 甜麵團餅皮秤取材料。

麵皮作法

參考 P.15~16，選擇半燙麵或溫水燙麵技法，製作到醒麵鬆弛好的階段。我自己製作時是採用「半燙麵」操作。

泡油鬆弛

參考 P.30 的作法，分割 150g，將麵團泡入沙拉油中，製作到鬆弛完畢的階段。

★這個品項通常不會有人販售，因為糖在內部放久了會融化、出水，做完要立刻熟製。

Tips

【鋪麵團】：另外準備油酥、防沾黏用的中筋麵粉、調味用肉桂糖。
油酥的比例是低筋麵粉 70g、無水奶油 100g，混合均勻即可使用。
肉桂糖的比例是二砂糖 35g、肉桂粉 1g，混合均勻即可使用。比例是二砂糖 35：肉桂粉 1。

1 取泡油鬆弛好的麵皮，擀麵棍推成 40 公分正方片。

★這邊不用另外沾沙拉油，鬆弛的油就足夠操作。抓餅系列都會使用油防止沾黏，用中筋麵粉當手粉的話，熟製時容易黑鍋，並且會有粉粉的口感。

2 麵皮抹油酥、撒中筋麵粉，在中心點 1/3 處撒一半肉桂糖。

3 取 1/3 朝前摺起，再抹油酥、中筋麵粉，撒剩餘肉桂糖。

4 一節一節向前摺起，不要摺太大。

5 由左至右捲起成螺旋狀，尾端收入麵皮中。

6 如果麵皮操作性不佳，表面蓋上袋子，室溫靜置鬆弛 10~15 分鐘。要鬆弛恢復操作性，麵皮才不會擀了又一直回縮。

7 平底不沾鍋先熱鍋，再倒入適量沙拉油熱油。

★如果鍋子不夠熱、油不夠熱就下餅皮，餅皮會吸收很多油脂，含油量會變很高，吃起來會很膩。

8 桌面、手、擀麵棍抹油，麵團擀直徑 25~30 公分薄片，鋪入平底鍋內，中大火兩面煎至金黃熟透即可。

9 參考 P.31 ◎讓抓餅快速去油整形的方法，整形完成。

★甜的當天製作當天食用完畢。

❸ 捲餅的餅皮整形→熟製方法

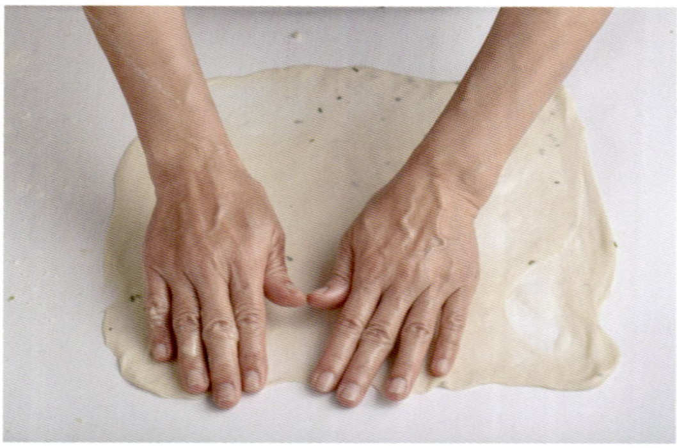

1 取醒麵鬆弛好的麵皮，分割 150g，手沾適當的沙拉油，用手或擀麵棍將麵團推成 40 公分正方片。

2 表面抹適量油酥。油酥配方為混勻的低筋麵粉 80g、鄭記香蔥豬油 100g。

3 鋪上適量的青蔥花，青蔥洗淨一定要用紙巾吸乾或瀝乾水分，水分過多麵團容易破損，並且蔥要切細，蔥花太粗會刺破麵皮。

4 把麵皮一節一節地向前翻摺。

Tips 補充說明，捲餅系列都會使用油防止沾黏，用中筋麵粉當手粉的話，熟製時容易黑鍋，並且會有粉粉的口感。

5 一點一點收摺成長條狀。

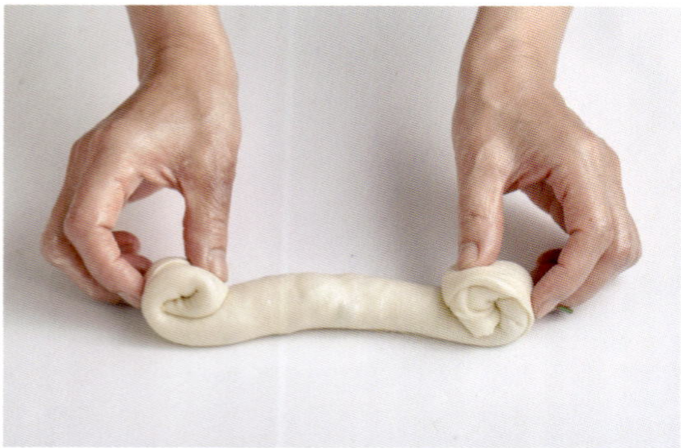

6 雙手捉住麵團兩端，朝內捲起。

7 起後擺正。

8 將麵團上下交錯，重疊在一起。熟製前用袋子蓋起，鬆弛至少 10~15 分鐘。

9 如上圖所示。

10 平底不沾鍋先熱鍋，再倒入適量沙拉油熱油。同時把器具抹油，麵團擀直徑 30 公分薄片，鋪入平底鍋內。

11 如果鍋子不夠熱、油不夠熱就下餅皮，餅皮會吸收很多油脂，含油量會變很高，吃起來會很膩。

12 以中大火持續加熱，兩面煎至金黃熟透即可。

No.14 牛肉剝皮辣椒捲餅

麵皮配方

參考 P.13 基本麵皮，❸ 捲餅欄配方秤取材料。

麵皮作法

參考 P.15~16，選擇半燙麵或溫水燙麵技法，製作到醒麵鬆弛好的階段。我自己製作時是採用「半燙麵」操作。

麵皮整形→熟製方法

參考 P.48~49，將捲餅整形→熟製完成。

作法4
作法5
作法6

作法7

作法8

Tips 【配料】：市售甜麵醬、美生菜、小黃瓜絲、市售滷牛腱、蔥段、剝皮辣椒，使用分量沒有一定，可以依自己想食用的量添加。

備料

1 美生菜一片一片沖水，仔細洗淨，將水分擦乾。

2 小黃瓜洗淨，去頭尾切絲。蔥洗淨，切段。

3 希望牛腱口感更好的話，可以把市售滷牛腱蒸熟或煎熟（注意要購買涼的就可食用的市售滷牛腱）。

作法

4 取熟製完成的捲餅餅皮。

5 擠上市售甜麵醬，以刷子刷均勻。

6 鋪美生菜、小黃瓜。

7 鋪市售滷牛腱、蔥段，擠甜麵醬、鋪剝皮辣椒。

8 從邊緣開始捲起，捲緊實避免餡料掉落。

No.15 豬肉泡菜捲餅

麵皮配方

參考 P.13 基本麵皮，❸ 捲餅欄配方秤取材料。

麵皮作法

參考 P.15~16，選擇半燙麵或溫水燙麵技法，製作到醒麵鬆弛好的階段。我自己製作時是採用「半燙麵」操作。

麵皮整形→熟製方法

參考 P.48~49，將捲餅整形→熟製完成。

作法4 作法5 作法6 作法7 作法8

Tips
【配料】：市售甜麵醬、美生菜、小黃瓜絲、市售滷豬腱、韓式泡菜、蔥段，使用分量沒有一定，可以依自己想食用的量添加。

備料

1　美生菜一片一片沖水，仔細洗淨，將水分擦乾。小黃瓜洗淨，去頭尾切絲。蔥洗淨，切段。

2　韓式泡菜把水分略為擠乾。

3　希望豬腱口感更好的話，可以把市售滷豬腱蒸熟或煎熟（注意要購買涼的就可食用的市售滷豬腱）。

作法

4　取熟製完成的捲餅餅皮。

5　擠上市售甜麵醬，以刷子刷均勻。

6　鋪美生菜、小黃瓜。

7　鋪市售滷豬腱，擠甜麵醬、鋪韓式泡菜，在美生菜與韓式泡菜中間鋪蔥段，捲的時候比較不會掉。

8　從邊緣開始捲起，捲緊實避免餡料掉落。

No.16 輕食蔬菜捲餅

麵皮配方

參考 P.44 甜麵團餅皮秤取材料。

麵皮作法

參考 P.15~16，選擇半燙麵或溫水燙麵技法，製作到醒麵鬆弛好的階段。我自己製作時是採用「半燙麵」操作。

麵皮整形→熟製方法

參考 P.48~49，將捲餅整形→熟製完成。製作時不要撒蔥花，抹的油酥是低筋麵粉 100g、無水奶油 70g。

作法3

作法4

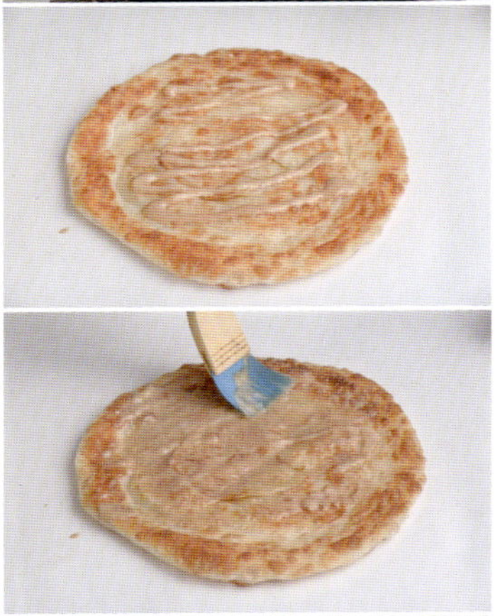

作法5

作法6

作法7

Tips

【配料】：市售烤焙芝麻醬、美生菜、小黃瓜絲、芭樂條、蘋果片，葡萄乾、熟玉米粒、花生糖粉（比例是花生粉 2：糖粉 1）。
使用分量沒有一定，可以依自己想食用的量添加。

備料

1 美生菜一片一片沖水，仔細洗淨，將水分擦乾。小黃瓜洗淨，去頭尾切絲。蔥洗淨，切段。芭樂洗淨去核切條。

2 蘋果去皮去核，切片後泡鹽水防止氧化（使用前把鹽水洗掉，擦乾水分）。

作法

3 取熟製完成的捲餅餅皮。

4 擠上市售烤焙芝麻醬，以刷子刷均勻。

5 鋪美生菜、小黃瓜、芭樂條、蘋果片。

6 鋪葡萄乾、熟玉米粒，擠市售烤焙芝麻醬，撒花生糖粉。

7 從邊緣開始捲起，捲緊實避免餡料掉落。

更簡化的麵皮配方

這個配方是更簡單的麵皮配方，可以參考 P.13 頁使用基本麵皮，也可以使用此配方。

	材料	百分比	公克
A	中筋麵粉	100	500
A	細砂糖	2.5	12.5
A	鹽	1	5
B	沸水	30	150
C	冷水	40	200

變化！豬肉餡餅

	材料	公克
A	基底肉餡	200
B	芹菜花	10
B	薑末	5
B	香油	5
B	白胡椒粉	少許
B	雞粉	1
C	★青蔥花	50

變化！菜肉餡餅

	材料	公克
A	基底肉餡	200
B	高麗菜絲	150
B	薑末	5
B	香油	5
B	白胡椒粉	少許
B	雞粉	1
C	★青蔥花	10

作法

1 攪打麵皮前，務必先備妥基底肉餡與其餘配料。（除了青蔥花，青蔥花太早切會出水）

2 材料 A、材料 B 充分拌勻。

3 包餡前，再將餡料與青蔥花拌勻。

不敗的鹹餡王者——基底肉餡 & 必學的打水技巧

	材料	百分比	公克
A	豬絞肉（中絞）	74	1000
A	鹽	1	9
B	冰水	7	100
C	醬油	4	50
D	雞蛋	4	55（1 顆）
E	薑末	4	50
E	白胡椒粉	0.3	4
E	細砂糖	3	35
E	味素	1	10
E	太白粉	0.4	5
F	香油	2	30

作法

1 豬絞肉加入鹽拌出黏性，以少量多次的方式加入冰水，用手或筷子依順時針方向拌，不時摔打肉餡，把水分確實打入絞肉中。水分要完全被材料吸收，才可以加入下一次。

2 加入醬油拌勻。加入雞蛋拌勻。加入材料 E 調味料拌勻。最後加入香油拌勻。

Tips

★豬絞肉的肥瘦比以 3：7 或 2：8 口感較佳。

★作法 1 稱為「打水」，打水可以避免內餡在烹飪後肉質變乾、變柴，煮好的產品才會鮮嫩多汁。一般來說凡是包餡類，有肉類的水調麵，我都會建議要打水。

★打水後開始調味，讓調味料去除肉的腥味。

★香油最後放，因為油脂會包覆肉形成保護膜，當肉餡要做二次運用的時候，可以避免之後加入的蔬菜與基底肉餡接觸出水。

分割麵團 & 擀皮

1 取醒麵鬆弛好的麵皮，手沾適量中筋麵粉防止沾黏，以切麵刀分割 45~50g。

2 現在麵皮的操作性不佳，表面蓋上袋子，室溫靜置鬆弛 10~15 分鐘。要鬆弛恢復操作性，麵皮才不會擀了又一直回縮。

3 麵團表面、雙手、工具都撒少許中筋麵粉防止沾黏。取一顆麵團，先輕輕壓開。

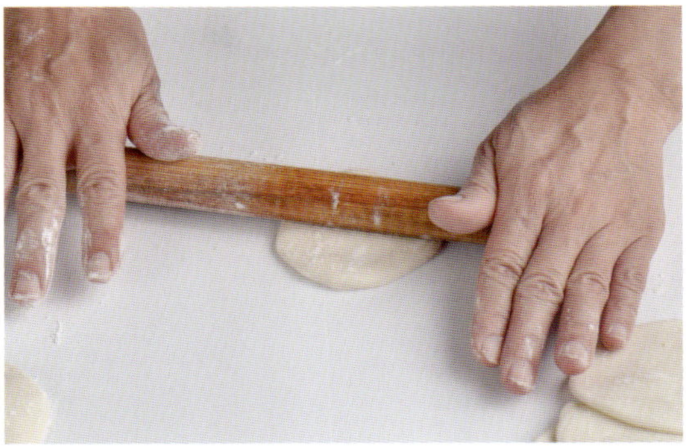

4 再以擀麵棍將麵團約略擀開。

★最終要擀到邊緣薄、中心略厚的狀態，這個狀態的麵皮比較不會爆餡。

5 一手托著麵皮邊緣順時針轉動，另一手擀壓麵皮邊緣，反覆這個動作。

6 麵皮會越擀越大，擀直徑 14~15 公分圓片。（韭菜盒擀 14~15 公分，餡餅擀 10 公分）

餡餅的包餡方法

1 取擀開麵皮（擀 10 公分麵皮），包入內餡。

★最終要擀到邊緣薄、中心略厚的狀態，這個狀態的麵皮比較不會爆餡。

2 一手托著麵皮，大拇指定位在中心；另一手大拇指抵著麵皮，食指向前。

3 往回捏合麵皮，一邊捏合，另一手一邊旋轉。

4 反覆這個動作到收口。

5 收口後把多餘的麵皮捏尖、拔掉。

6 拔掉處輕壓一下，再輕輕壓扁整顆麵團，完成如上圖。

餡餅的熟製方法

1 平底不沾鍋先熱鍋，再倒入適量沙拉油熱油。放入餡餅，中大火加熱。

2 如果鍋子不夠熱、油不夠熱就下餅皮，餅皮會吸收很多油脂，含油量會變很高，吃起來會很膩。

3 單面上色翻面一次，想加快速度的話可以把蓋上蓋子，讓熱度更集中。

4 一面煎到這個顏色，檢查一下餡料有沒有熟，牙籤戳入有沾黏表示未熟成。

5 這時候可以用偷吃步（小訣竅），加入適量的水。

6 蓋上蓋子，把餡餅燜、煎至熟。

No.17 豬肉餡餅

餡料配方作法

參考 P.56「變化！豬肉餡餅」備妥餡料。

麵皮配方

參考 P.13 基本麵皮，❹ 餡餅欄配方秤取材料。
或使用 P.56 更簡化的麵皮配方。
建議使用 P.56 的配方，因為可以剛好包完。

麵皮作法

參考 P.15~16，選擇半燙麵或溫水燙麵技法，製作到醒麵鬆弛好的階段。我自己製作時是採用「半燙麵」操作。

Tips
分割→擀皮→包餡→熟製
參考 P. 57~59 頁，麵皮每個分割 45~50g ／包入 80~100g 內餡。

No.18 菜肉餡餅

餡料配方作法

參考 P.56「變化！菜肉餡餅」備妥餡料。

麵皮配方

參考 P.13 基本麵皮，❹ 餡餅欄配方秤取材料。
或使用 P.56 更簡化的麵皮配方。
建議使用 P.56 的配方，因為可以剛好包完。

麵皮作法

參考 P.15~16，選擇半燙麵或溫水燙麵技法，製作到醒麵鬆弛好的階段。我自己製作時是採用「半燙麵」操作。

Tips

分割→擀皮→包餡→熟製

參考 P. 57~59 頁，麵皮每個分割 45~50g ／包入 80~100g 內餡。

No.19 牛肉餡餅

麵皮配方

參考 P.13 基本麵皮，❹ 餡餅欄配方秤取材料。

或使用 P.56 更簡化的麵皮配方。建議使用 P.56 的配方，因為可以剛好包完。

麵皮作法

參考 P.15~16，選擇半燙麵或溫水燙麵技法，製作到醒麵鬆弛好的階段。我自己製作時是採用「半燙麵」操作。

Tips

分割→擀皮→包餡→熟製

參考 P. 57~59 頁，麵皮每個分割 45~50g ／包入 80~100g 內餡。

	材料	公克
A	牛絞肉（中絞牛）	210
A	豬肥肉（中絞豬）	90
A	鹽	3
B	冰水	30~50
C	醬油	15
D	薑末	15
D	細砂糖	15
D	白胡椒粉	1
D	味素	3
D	太白粉	3
E	香油	10
F	★青蔥花	50

作法

1 牛絞肉、豬肥肉加入鹽拌出黏性，以少量多次的方式加入冰水，用手或筷子依順時針方向拌，不時摔打肉餡，把水分確實打入絞肉中。水分要完全被材料吸收，才可以加入下一次。

2 加入醬油拌勻。加入材料 D 拌勻。加入香油拌勻。

3 蔥洗淨把水分壓乾。包餡前再切把青蔥切花，與餡料拌勻（避免太早拌勻青蔥出水）。

★作法 1 稱為「打水」，打水可以避免肉餡在烹飪後肉質變乾、變柴，煮好的產品才會鮮嫩多汁。一般來說凡是包餡類，有肉類的水調麵，我都會建議要打水。

★打水後開始調味，讓調味料去除肉的腥味。

★香油最後放，因為油脂會包覆肉形成保護膜，當肉餡要做二次運用的時候，可以避免之後加入的蔬菜與基底肉餡接觸出水。

「包餡類」沒有用完的麵皮該何去何從？

餡餅皮、水餃皮、煎餃皮、韭菜盒或高麗菜盒的麵皮，如果有剩，要怎麼處理呢？

① 成品做完之後如果有剩下的麵團，可以靈活運用把這些餅皮消耗掉，例如做成臺式蛋餅皮、荷葉餅烤鴨餅皮、斤餅、炒餅。把皮煎熟後放涼，放入袋子中冷藏冷凍，要吃的時候直接加熱就可以了。

② 麵皮最好一做完就立刻包完，最多可以冷藏三天，三天之內要用完，因為如果沒有立刻用完，麵皮容易老化，且延展性較差變得不好操作。剩餘麵皮做成蔥油餅或是其他產品可以直接冷凍保存。

No.20 韭菜盒

麵皮配方

參考 P.13 基本麵皮，❹ 餡餅欄配方秤取材料。

或使用 P.56 更簡化的麵皮配方。建議使用 P.56 的配方，因為可以剛好包完。

麵皮作法

參考 P.15~16，選擇半燙麵或溫水燙麵技法，製作到醒麵鬆弛好的階段。我自己製作時是採用「半燙麵」操作。

分割→擀皮

參考 P.57，麵皮每個分割 45~50g / 包入 80~100g 內餡。

作法5 作法6 作法7

材料	公克
冬粉	2 把
雞蛋	6 顆
豬絞肉（中絞）	200
碎蘿蔔乾	150
白胡椒粉	3
味素	5
鹽	7
香油	70
韭菜	700
豆乾（切絲）	2 片

1 冬粉泡熱水 1 分鐘泡軟。韭菜洗淨晾乾，梗白色切 0.5 公分，綠葉切 1 公分備用。

2 不沾鍋入適量沙拉油，將雞蛋大火煎熟，打散弄成碎蛋。

3 另外把碎蘿蔔乾、豆乾絲一同炒香，加入豬絞肉炒熟。

4 所有材料放涼，再一同拌勻。

5 取擀開後的麵皮，包入韭菜盒餡料。

6 於中間輕壓，順著捏合兩側，接著放平完成整形。

7 參考 P.59 餡餅的熟製方法，熟製完成。

No.21 高麗菜盒

麵皮配方

參考 P.13 基本麵皮，❹ 餡餅欄配方秤取材料。

或使用 P.56 更簡化的麵皮配方。建議使用 P.56 的配方，因為可以剛好包完。

麵皮作法

參考 P.15~16，選擇半燙麵或溫水燙麵技法，製作到醒麵鬆弛好的階段。我自己製作時是採用「半燙麵」操作。

分割→擀皮

參考 P.57，麵皮每個分割 45~50g / 包入 80~100g 內餡。

作法 5

作法 6

作法 7

作法 8

材料	公克
龍口冬粉快煮	1 把
泡開的乾香菇	50
泡水後的碎蘿蔔乾	60
白胡椒粉	2
味素	3
鹽	3
細砂糖	5
香油	15
紅蘿蔔絲	25
高麗菜絲	300
雞蛋	2 顆
薑末	10

1 冬粉泡熱水 1 分鐘泡軟。高麗菜洗淨晾乾，切指甲片備用。

2 不沾鍋入適量沙拉油，將雞蛋大火煎熟，打散弄成碎蛋。

3 另外把碎蘿蔔乾、香菇碎炒香。

4 所有材料放涼，再一同拌勻。

5 取擀開後的麵皮，包入高麗菜盒餡料。

6 於中間輕壓，順著捏合兩側。

7 接著放平，把麵皮邊緣從底部向上翻摺，重複這個手法直至完成整形。

8 參考 P.59 餡餅的熟製方法，熟製完成。

No.22 荷葉餅烤鴨餅皮

麵皮配方

參考 P.13 基本麵皮，❺ 溫水麵皮欄配方秤取材料。或使用本頁配方。配方比例是一樣的，區別在材料 A 的乾燥蔥有無添加，以及沸水、冷水百分比不同。

麵皮作法

參考 P.15~16，選擇半燙麵或溫水燙麵技法，製作到醒麵鬆弛好的階段。我自己製作時是採用「溫水燙麵」操作。

Tips

★作法要沾沙拉油、沾中筋麵粉，是因為兩張一起操作比較快，有抹油撒粉才可以剝開，不然會黏在一起。麵皮兩張一起 快速又方便，單張擀速度慢要擀大張會比較困難，新手會有挫敗感。

★中火煎至餅皮微透明，就熟了。這個皮是 Q 的，烤鴨餅皮不會煎到金黃上色。

作法1

作法2

作法3

作法5

	材料	百分比	公克
A	中筋粉心粉	100	500
	鹽	1	5
	白胡椒粉	0.5	2.5
	味素	0.625	3
	細砂糖	2.5	12.5
	沙拉油	2.5	12.5
B	沸水	40	200
C	冷水	30	150

→No.22 荷葉餅烤鴨餅皮與 No.23 臺式蛋餅配方是一樣的，僅改變麵團分割、擀開熟製的大小，就可以變化出不同用途的產品。

製作數量：荷葉餅 34 個麵團，17 組
臺式餅皮 12 個麵團，6 組

1 取醒麵鬆弛好麵團，分割 25g，一手托住光滑底部，另一手把邊緣的麵團朝中心收摺，收摺成一小團。

2 以兩顆為單位輕輕拍開麵團。兩手各捉一個，取一個先沾沙拉油，把沾沙拉油面蓋上另一個。

3 再沾中筋麵粉，兩片重疊，邊緣壓密合。

4 表面蓋上袋子，室溫靜製鬆弛 15 分鐘，鬆弛到恢復操作性，可以擀開不回縮。

5 將麵團擀成 15 公分圓片。平底不沾鍋先熱鍋（準備乾烙），麵團鋪入平底鍋內，小火煎到餅皮透明，略放涼後再撕開。

No.23 臺式蛋餅

製作數量：一張擀 12 個麵團，6 組

麵皮配方

參考 P.13 基本麵皮，❺ 溫水麵皮欄配方秤取材料。或使用 P.69 頁配方。配方比例是一樣的，區別在材料 A 的乾燥蔥有無添加，以及沸水、冷水百分比不同。

麵皮作法

參考 P.15~16，選擇半燙麵或溫水燙麵技法，製作到醒麵鬆弛好的階段。我自己製作時是採用「溫水燙麵」操作。

作法1
作法2
作法3

作法5

配料	公克
雞蛋	1 顆
適量的青蔥花	

Tips

★作法要沾沙拉油、沾中筋麵粉，是因為兩張一起操作比較快，有抹油撒粉才可以剝開，不然會黏在一起。想擀大張的話要兩張一起擀，單張擀比較難擀。

★中火煎至餅皮微透明，就熟了。這個皮是Q的，不會煎到金黃上色。

1 取醒麵鬆弛好麵團，分割 70g，一手托住光滑底部，另一手把邊緣的麵團朝中心收摺，收摺成一小團。

2 以兩顆為單位輕輕拍開麵團。兩手各捉一個，取一個先沾沙拉油，把沾沙拉油面蓋上另一個。

3 再沾中筋麵粉，兩片重疊，邊緣壓密合。

4 表面蓋上袋子，室溫靜製鬆弛 15 分鐘，鬆弛到恢復操作性，可以擀開不回縮。

5 將麵團擀成 20 公分圓片。平底不沾鍋先熱鍋（準備乾烙），麵團鋪入平底鍋內，小火煎到餅皮透明，略放涼後再撕開。

6 蛋餅配料依個人喜好變化。可以把雞蛋與適量青蔥花拌勻（成蔥蛋液）。

7 平底不沾鍋先熱鍋，再倒入適量沙拉油熱油。

8 倒入蔥蛋液，大火煎到雞蛋冒泡、半熟，轉中大火蓋上蛋餅皮，用鏟子輕輕壓，讓蔥蛋與麵皮密合，煎到雞蛋熟了翻面。餅皮煎至兩面金黃即可。

No.24 軟式蛋餅

製作數量：6 張

示範影片

	材料	百分比	公克
A	中筋麵粉	100	140
A	日本太白粉	100	140
A	鹽	2	3
A	細砂糖	7	10
A	雞粉	4	5
A	白胡椒粉	1	2
B	水	286	400
B	豬油	21	30
C	雞蛋	約 71.4	100
D	青蔥花	143	200

作法1
作法2
作法3

作法4
作法5

作法7
作法8

Tips

【配料】：
雞蛋 2 顆：適量的青蔥花（蔥蛋液）。
熟玉米粒、罐頭鮪魚、起司片。

1 材料 B 的水、豬油一同加熱至 40~50°C，倒入拌勻的作法 A 中，邊倒邊用打蛋器拌勻。

2 拌勻到看不見粉類，加入雞蛋拌勻。

3 以保鮮膜封起，常溫靜製 30 分鐘，讓材料充分融合，熟製前加入青蔥花拌勻。

4 鍋子燒熱，倒入適量沙拉油，用紙巾擦去過多的油，潤鍋。裝一杯麵糊（約 130g），鍋子離火，一次倒入所有麵糊，邊倒入邊轉動鍋子，讓麵糊均勻分布於鍋內。

5 中大火加熱熟製，加熱到邊緣無占黏，把餅皮倒扣到盤子上。

6 蛋餅配料依個人喜好變化。把雞蛋與適量青蔥花拌勻（成蔥蛋液），平底不沾鍋先熱鍋，再倒入適量沙拉油熱油。

7 倒入蔥蛋液，大火煎到雞蛋冒泡、半熟，轉中大火蓋上蛋餅皮，用鏟子輕輕壓，讓蔥蛋與麵皮密合，翻面。

8 關火。隨意放上喜愛的配料。我加入的是熟玉米粒、鮪魚、起司片。煎到餅皮金黃，把蛋餅一節一節摺起變成豪總匯蛋餅。

No.25 酥脆蛋餅

	材料	百分比	公克
A	高筋麵粉	100	160
	日本太白粉	62.5	100
	奶粉	18.8	30
	鹽	1.9	3
	細砂糖	6	10
	雞粉	3	5
	白胡椒粉	1	2
B	水	250	400
	沙拉油	18.8	30
C	芹菜花	37.5	60
	韭菜花	37.5	60
	青蔥花	12.5	20

★ No. 25 酥脆蛋餅與 No. 26 海鮮煎餅可以一起製作。

作法1 作法2

作法3 作法4 作法6

作法7

Tips

【配料】：

雞蛋 2 顆：適量的芹菜花、韭菜花（蔬菜蛋液）。
擠乾的韓式泡菜。

1 材料 B 的水、沙拉油一同加熱至 40~50°C，倒入拌勻的作法 A 中，邊倒邊用打蛋器拌勻。

2 拌勻到看不見粉類，以保鮮膜封起，常溫靜製 30 分鐘，讓材料充分融合，熟製前加入材料 C 拌勻。

3 鍋子燒熱，倒入適量沙拉油熱油。裝一杯麵糊（約 130g），一次倒入所有麵糊，邊倒入邊轉動鍋子，讓麵糊攤成適當大小。

4 中大火加熱熟製，加熱到邊緣無占黏，單面金黃，把餅皮夾起放到盤子上。

5 蛋餅配料依個人喜好變化。把雞蛋與適量芹菜花、韭菜花拌勻（成蔬菜蛋液），平底不沾鍋先熱鍋，再倒入適量沙拉油熱油。

6 倒入蔬菜蛋液，大火煎到雞蛋冒泡、半熟，轉中大火蓋上蛋餅皮，用鏟子輕輕壓，讓蛋與麵皮密合，翻面。

7 關火。隨意放上喜愛的配料。我加入的是擠乾的韓式泡菜。煎到餅皮金黃，把蛋餅一節一節折起。

★韓式泡菜會建議擠乾，不擠乾的話，泡菜醬料會讓餅皮濕濕的餅會軟爛。

No.26 海鮮煎餅

麵糊配方

參考 P.74「No.25 酥脆蛋餅」配方秤取材料。不含材料 C。

★ No. 25 酥脆蛋餅與 No. 26 海鮮煎餅可以一起製作。

麵糊作法

作法2

作法4

作法5

取 200g 麵糊加入以下材料

材料	公克
酥漿粉	40
青蔥花	10
高麗菜段	50
海鮮料總重	150
燙熟草蝦（已去殼去沙筋）、透抽段	
鹽	適量
白胡椒粉	適量

1. 參考 P.74 取麵糊 200g（後續加入本頁材料，做成兩個海鮮煎餅。
2. 熟製前加入喜歡的配料拌勻。我加入的是青蔥花、高麗菜段、海鮮料總重 150g（燙熟草蝦、透抽段）、鹽適量、白胡椒粉。

   ★這一個跟配料拌勻的麵糊，可以做兩張海間煎餅。
3. 鍋子燒熱，倒入適量沙拉油熱油。
4. 倒入一半海鮮麵糊，用勺子底部把麵糊略為壓平，攤成適當大小。
5. 中大火加熱熟製，加熱到麵糊無占黏，單面金黃，翻面。另一面也煎到金黃，兩面煎金黃熟成即可。

你知道嗎？很久很久以前，水餃也叫「餶餷」

老一輩的山東人會把水餃稱為餶餷（ㄍㄨˇ；ㄓㄚ），是當地的鄉土俗稱。或許是因為製程很適合分工合作，它與一般料理不同，水餃自古以來便有著「吉祥」的寓意，過年時家家戶戶都會包水餃；你備餡、我擀皮、大夥一塊來包餡，一家人齊齊整整，齊心合力做一桌水餃，挑一顆包入錢幣，祝願吃到的人一整年好運連連，財源滾滾，喜氣洋洋。

麵皮配方

	材料	百分比	公克
A	高筋麵粉	100	300
A	日本太白粉	11	33
A	鹽	0.3	1
B	冷水	55	165

水餃／煎餃的製作流程：
備餡→製作水餃皮→包餡→熟製

麵皮製作

1　水餃皮我們會以冷水麵食技法製作，攪拌缸先加入材料 A。

2　分 2~3 次入冷水，轉慢速，讓材料慢慢成團，粉類比較不會噴濺。

3　慢速攪拌到看不到乾粉、水分時，轉中速攪拌。

4　攪拌到麵團表面變得更光滑細緻。

5　雙手沾中筋麵粉，把麵團收整成圓形，表面蓋上袋子隔絕空氣，室溫靜置醒麵 30 分鐘。

6　醒麵（也可以稱鬆弛）之後，麵團的表面就會變得更光滑，麵團延展性會更好操作。

分割＆有效率的「擀皮」方式

市售的水餃皮可以直接拿來包餡即可，但手工的水餃皮有一個注意重點，就是「建議要先把皮全都擀出來，再包餡」。

市售水餃皮因為本身已靜置了一段時間，使用上可以隨拿隨用。但手工製作的麵皮才剛處理完畢，如果分割擀開後直接包餡，擀一顆包一顆，會感覺麵皮有點不好操作，容易很緊也容易包破，操作性會不足。我們把皮一次擀開，從第一張擀到最後一張，第一張擀好的麵皮就有些許的鬆弛時間，再依照擀開的順序包餡。

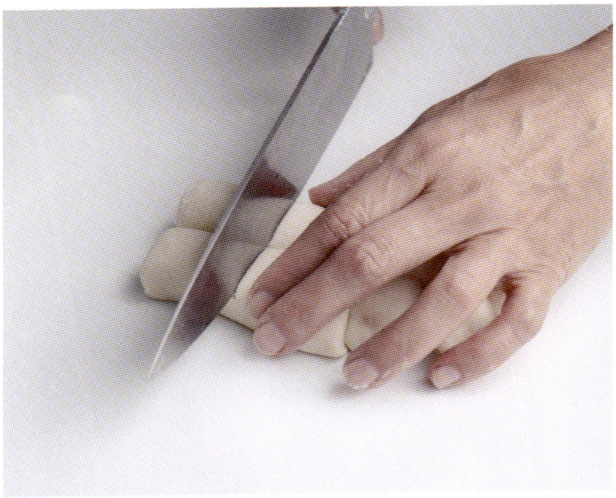

1 取醒麵鬆弛好的麵皮，以切麵刀分割12g。

2 麵團表面、雙手、工具都撒少許中筋麵粉防止沾黏，把每一顆麵團翻正。

3 用掌緣輕輕壓開。

4 壓開後，先一張一張略為擀開，擀的大小要一致。

5 麵皮沾中筋麵粉，疊上另一片。

6 每張都要沾中筋麵粉再疊，粉不夠會黏在一起，一共疊三片。

7 一手托著麵皮邊緣順時針轉動，另一手擀壓麵皮邊緣，反覆這個動作。

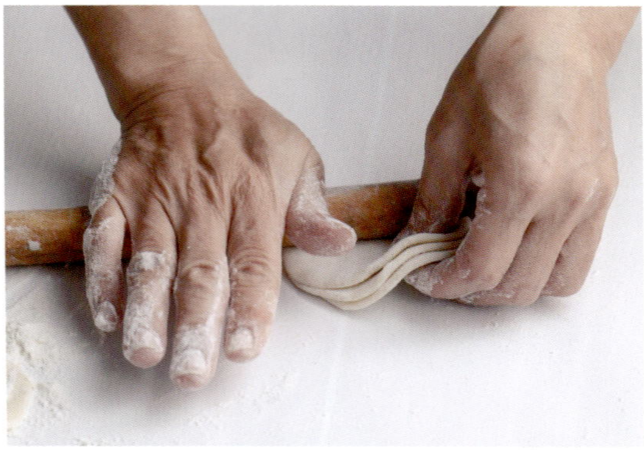

8 旋轉麵皮→擀壓，反覆此動作將麵皮擀中心厚、邊緣薄。

9 先擀中心厚、邊緣薄，再擀成 8 公分圓片。

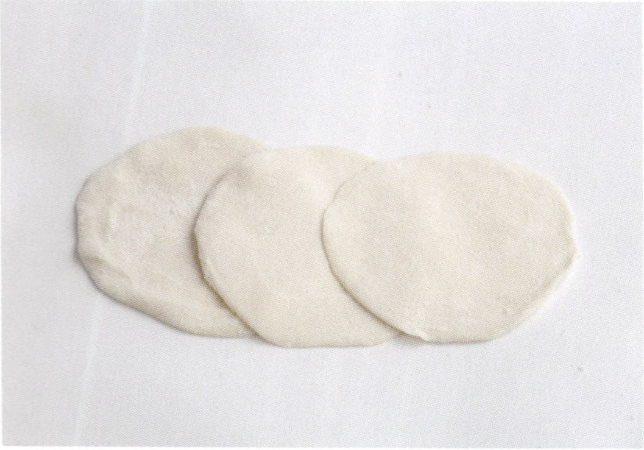

10 完成的麵皮要疊在一起，一樣要用中筋麵粉分開。

水餃 & 煎餃有哪些包餡方式？

No.27 高麗菜水餃
（P.84~85）

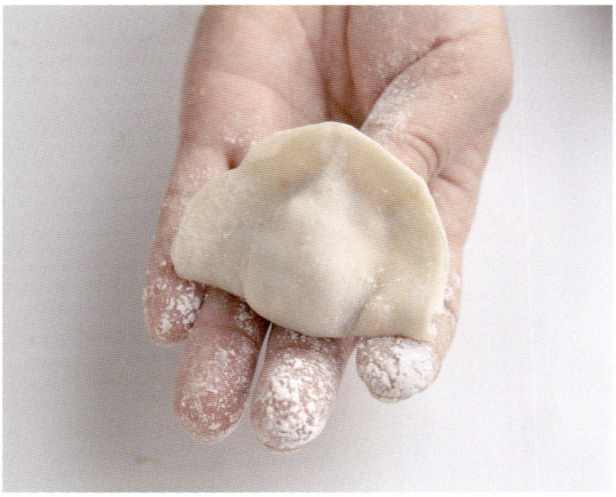

No.29 玉米水餃
（P.88~89）

No.28 韭菜水餃
（P.86~87）

No.32 瓜仔肉水餃煎餃
（P.94~95）

水餃的形狀渾圓可愛，形如「金元寶」，包餃子也意味著包住福氣，不同的內餡有不同的寓意，除了前面提過的包入錢幣為「財源滾滾」外，油菜餡寓意為「有財」；芹菜餡寓意為「勤財」；甜餡寓意為「添財」；白菜餡則為「百財」；包入棗子則是「早生貴子」。

熟製：煮熟即成水餃

1 鍋內入水煮滾，火轉小，將水餃一顆一顆放入水中，切忌用丟的，用丟的會濺起水花。

2 轉大火，鏟子沿著邊緣直線輕推 1~3 下，避免水餃皮黏住鍋底，把水再次煮沸。

3 沸騰後，倒入一碗冷水（此動作稱為點水），再次煮沸後關火，撈起瀝乾。

4 放入盤子，淋上適量香油晃動一下盤子，防止水餃沾黏。

Tips

★在沸騰的狀態下加入冷水是為了避免水餃被滾水煮破，加入的水量要以「不沸騰」為原則。大部分水餃餡的基底是豬肉，因此水餃一定要煮熟，點水的次數是按照水餃的量而定，如果量大，可能就要多重複幾次。

★冷凍水餃要點水三次，現做現煮的點水一次即可。

水餃 & 煎餃，大家發現了嗎？水餃與煎餃只差一字，這字就是它們的熟製方式。餃子包好後，水煮即成水餃；油煎即成煎餃。今天如果水餃吃不完，也可以把煮熟的水餃再拿去煎，做成煎餃食用哦！

熟製：煎熟即成煎餃

1 不沾鍋倒入適量沙拉油，以鏟子鋪開，讓整個平面都確實有沾到沙拉油，鋪上餃子。

2 轉中火，倒入拌勻的脆皮冰花水（即麵粉水），水的用量會依照鍋子大小調整。

3 需淹過全部的煎餃些許（約 1/3 水量）。鍋子與桌面一定要平，若受熱不均勻，麵粉水會無法一起蒸乾，轉大火煮滾。

4 煮滾後轉中小火，蓋上鍋蓋 7~8 分鐘。平底鍋有沙拉油與麵粉水，隨著加熱，油水分離，麵粉水會慢慢被收乾。

5 快煮好的時候開蓋淋一點沙拉油，沙拉油可以幫助粉漿跟鍋子分離，有淋一點會比較好脫離。

6 看一下鍋內狀態，如果有一些位置乾了，有些還沒乾，表示桌面可能不平。此時的補救方式是把未乾處移到火源，慢慢加熱

Tips

★起鍋時先晃動鍋子，看一下產品與鍋子是否為分離狀態，如果還黏著可以用鏟子鏟一側，輔助脫離。準備盛起，盤子扣入鍋內（大小要與鍋子剛好吻合），一手壓住盤子，另一手把鍋子 180 度翻轉（翻轉時盤子要壓緊），把煎餃倒扣出來，就大功告成了～

No.27 高麗菜水餃

★一般來說，水餃的皮與餡本身便有調味，如果搭配風味或個人特色太強的醬料，未免有喧賓奪主之嫌。話又說回來，醬料乃是個人口味，吃酸、吃辣、喜鹹、愛甜，每個人都各有所好。北方人吃餃子喜歡搭配大蒜，吃完後喝口煮麵水，乃「原湯化原食」，這煮麵水便是「原湯」，豪邁中透著說不盡的溫柔，食畢渾身舒暢，整個人都精神了許多。

作法4

作法5

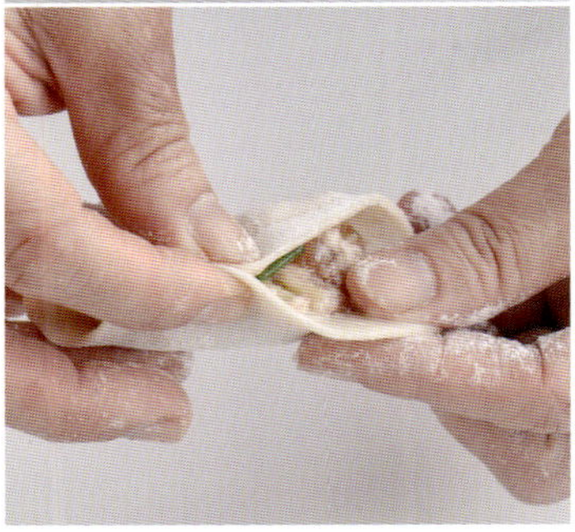

作法6

作法7

材料	公克
基底肉餡（P.56）	400
高麗菜段	400
青蔥花	20
薑末	5
香油	20
白胡椒粉	少許
雞粉	2

1. 餡料所有材料混勻，備用。
2. 參考 P.78 秤取材料，完成至醒麵完畢。
3. 參考 P.79~80 完成分割→擀皮動作。
4. 一手托著麵皮，另一手抹入 20g 內餡，接合處抹適量清水。
5. 指尖把中心捏緊，大拇指取一側麵皮，朝中心摺入。
6. 取另一側麵皮，朝中心摺入。
7. 把兩側直接捏合。
8. 參考 P.82 將水餃煮熟，完成。

No.28 韭菜水餃

★一般來說，水餃的皮與餡本身便有調味，如果搭配風味或個人特色太強的醬料，未免有喧賓奪主之嫌。話又說回來，醬料乃是個人口味，吃酸、吃辣、喜鹹、愛甜，每個人都各有所好。北方人吃餃子喜歡搭配大蒜，吃完後喝口煮麵水，乃「原湯化原食」，這煮麵水便是「原湯」，豪邁中透著說不盡的溫柔，食畢渾身舒暢，整個人都精神了許多。

材料	公克
基底肉餡（P.56）	460
韭菜花	230
高麗菜段	115
薑末	11.5
香油	23
白胡椒粉	少許
雞粉	2.3

1. 餡料所有材料混勻，備用。
2. 參考 P.78 秤取材料，完成至醒麵完畢。
3. 參考 P.79~80 完成分割→擀皮動作。
4. 一手托著麵皮，另一手抹入 20g 內餡，接合處抹適量清水。
5. 取一側麵皮，把麵皮凹成「Z」狀，輕壓，反覆此動作，完成一側麵皮。
6. 完成一側麵皮後，把兩側麵皮闔起，一節一節捏緊。
7. 參考 P.82 將水餃煮熟，完成。

No.29 玉米水餃

★一般來說，水餃的皮與餡本身便有調味，如果搭配風味或個人特色太強的醬料，未免有喧賓奪主之嫌。話又說回來，醬料乃是個人口味，吃酸、吃辣、喜鹹、愛甜，每個人都各有所好。北方人吃餃子喜歡搭配大蒜，吃完後喝口煮麵水，乃「原湯化原食」，這煮麵水便是「原湯」，豪邁中透著說不盡的溫柔，食畢渾身舒暢，整個人都精神了許多。

作法4

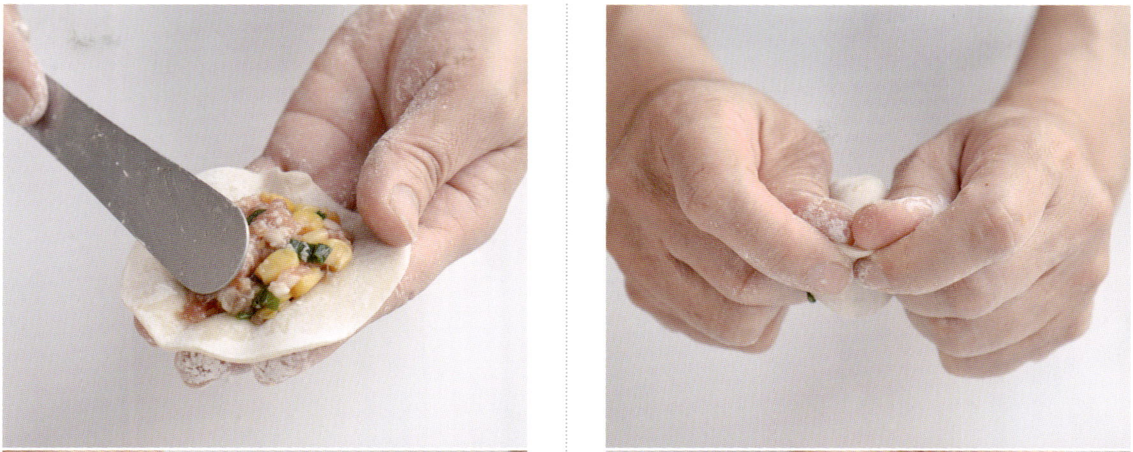

作法5

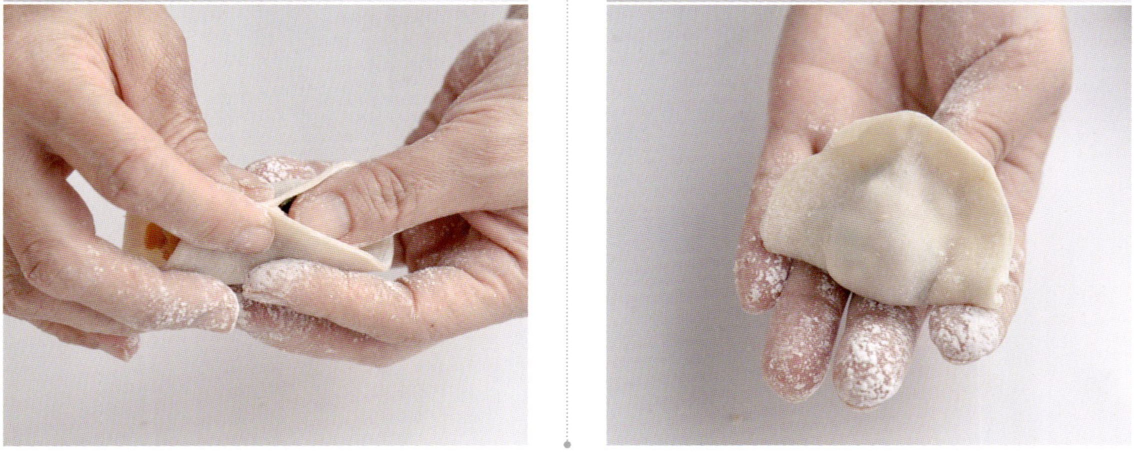

材料	公克
基底肉餡（P.56）	500
熟玉米粒	250
青蔥花	25
薑末	12.5
香油	20
雞粉	2.5

1. 餡料所有材料混匀，備用。
2. 參考 P.78 秤取材料，完成至醒麵完畢。
3. 參考 P.79~80 完成分割→擀皮動作。
4. 一手托著麵皮，另一手抹入 20g 內餡，接合處抹適量清水。
5. 指尖把中心捏緊，兩手大拇指抵住中間，用掌緣將水餃捏合。
6. 參考 P.82 將水餃煮熟，完成。

No.30 泡菜水餃

★一般來說，水餃的皮與餡本身便有調味，如果搭配風味或個人特色太強的醬料，未免有喧賓奪主之嫌。話又說回來，醬料乃是個人口味，吃酸、吃辣、喜鹹、愛甜，每個人都各有所好。北方人吃餃子喜歡搭配大蒜，吃完後喝口煮麵水，乃「原湯化原食」，這煮麵水便是「原湯」，豪邁中透著說不盡的溫柔，食畢渾身舒暢，整個人都精神了許多。

作法4

作法5

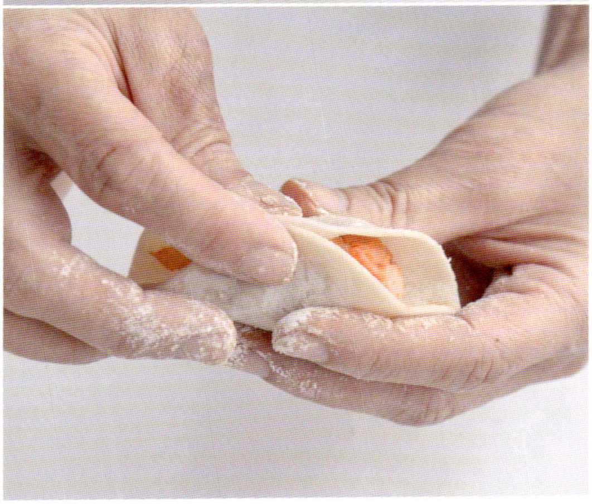

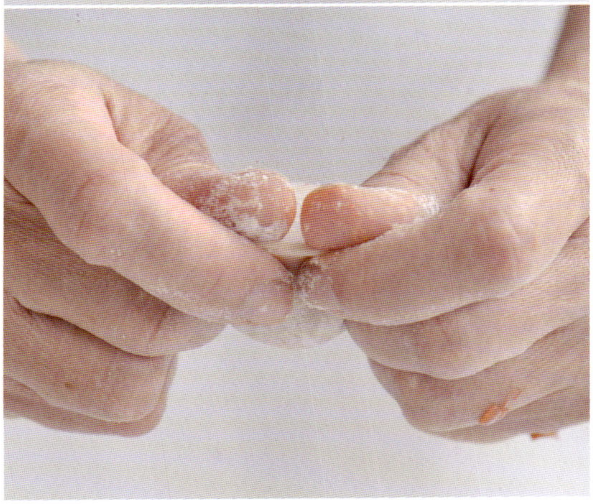

材料	公克
基底肉餡（P.56）	400
擠乾韓式泡菜	400
青蔥花	20
辣椒粉	4
香油	20
雞粉	2

1 餡料所有材料混勻，備用。

2 參考 P.78 秤取材料，完成至醒麵完畢。

3 參考 P.79~80 完成分割→擀皮動作。

4 一手托著麵皮，另一手抹入 20g 內餡，接合處抹適量清水。

5 指尖把中心捏緊，兩手大拇指抵住中間，用掌緣將水餃捏合。

6 參考 P.82 將水餃煮熟，完成。

No.31 剝皮辣椒煎餃

★一般來說，水餃的皮與餡本身便有調味，如果搭配風味或個人特色太強的醬料，未免有喧賓奪主之嫌。話又說回來，醬料乃是個人口味，吃酸、吃辣、喜鹹、愛甜，每個人都各有所好。北方人吃餃子喜歡搭配大蒜，吃完後喝口煮麵水，乃「原湯化原食」，這煮麵水便是「原湯」，豪邁中透著說不盡的溫柔，食畢渾身舒暢，整個人都精神了許多。

作法4 作法5 作法6

材料	公克
基底肉餡（P.56）	500
剝皮辣椒碎	250
洋蔥碎	50
香油	20
雞粉	2

★脆皮冰花水：清水 400g、玉米粉 20g、沙拉油 1 大匙。

1 餡料所有材料混勻，備用。
2 參考 P.78 秤取材料，完成至醒麵完畢。
3 參考 P.79~80 完成分割→擀皮動作。
4 一手托著麵皮，另一手抹入 20g 內餡，接合處抹適量清水。
5 取一側麵皮，把麵皮凹成「Z」狀，輕壓，反覆此動作，完成一側麵皮。
6 完成一側麵皮後，把兩側麵皮闔起，一節一節捏緊。
7 參考 P.83 將水餃煎熟，完成。

No.32 瓜仔肉水餃煎餃

★一般來說，水餃的皮與餡本身便有調味，如果搭配風味或個人特色太強的醬料，未免有喧賓奪主之嫌。話又說回來，醬料乃是個人口味，吃酸、吃辣、喜鹹、愛甜，每個人都各有所好。北方人吃餃子喜歡搭配大蒜，吃完後喝口煮麵水，乃「原湯化原食」，這煮麵水便是「原湯」，豪邁中透著說不盡的溫柔，食畢渾身舒暢，整個人都精神了許多。

作法4 作法5 作法6 作法7

材料	公克
基底肉餡（P.56）	500
瓜仔肉	250
洋蔥碎	50
香油	20
細砂糖	2

★脆皮冰花水：清水 400g、玉米粉 20g、沙拉油 1 大匙。

1 餡料所有材料混勻，備用。

2 參考 P.78 秤取材料，完成至醒麵完畢。

3 參考 P.79~80 完成分割→擀皮動作。

4 一手托著麵皮，另一手抹入 20g 內餡，接合處抹適量清水。

5 指尖把中心捏緊，取一側麵皮，把麵皮凹成「Z」狀，輕壓。取另一側麵皮，把麵皮凹成「Z」狀，輕壓。

6 反覆此動作，再做一次。

7 完成兩次後，把剩餘的兩側麵皮闔起，一節一節捏緊。

8 參考 P.83 將水餃煎熟，完成。

No.33 四季豆煎餃

★一般來說，水餃的皮與餡本身便有調味，如果搭配風味或個人特色太強的醬料，未免有喧賓奪主之嫌。話又說回來，醬料乃是個人口味，吃酸、吃辣、喜鹹、愛甜，每個人都各有所好。北方人吃餃子喜歡搭配大蒜，吃完後喝口煮麵水，乃「原湯化原食」，這煮麵水便是「原湯」，豪邁中透著說不盡的溫柔，食畢渾身舒暢，整個人都精神了許多。

作法4　作法5　作法6

材料	公克
基底肉餡（P.56）	500
四季豆粒（汆燙過）	250
洋蔥丁	50
薑末	12.5
香油	20
雞粉	2.5

★脆皮冰花水：清水 400g、玉米粉 20g、沙拉油 1 大匙。

1 餡料所有材料混勻，備用。

2 參考 P.78 秤取材料，完成至醒麵完畢。

3 參考 P.79~80 完成分割→擀皮動作。

4 一手托著麵皮，另一手抹入 20g 內餡，接合處抹適量清水。

5 指尖把中心捏緊，雙手捏合兩側。

6 兩手把麵皮凹成出數個「Z」狀，緊緊捏合，完成。

7 參考 P.83 將水餃煎熟，完成。

No.34 韭黃蝦仁鍋貼煎餃

★一般來說，水餃的皮與餡本身便有調味，如果搭配風味或個人特色太強的醬料，未免有喧賓奪主之嫌。話又說回來，醬料乃是個人口味，吃酸、吃辣、喜鹹、愛甜，每個人都各有所好。北方人吃餃子喜歡搭配大蒜，吃完後喝口煮麵水，乃「原湯化原食」，這煮麵水便是「原湯」，豪邁中透著說不盡的溫柔，食畢渾身舒暢，整個人都精神了許多。

作法4

作法5

材料	公克
基底肉餡（P.56）	540
韭黃段	270
草蝦（去殼去沙筋）	40 隻
薑末	13.5
香油	13.5
白胡椒粉	少許
雞粉	2.8

★脆皮冰花水：清水 400g、玉米粉 20g、沙拉油 1 大匙。

1 餡料所有材料混勻（除了草蝦），備用。

2 參考 P.78 秤取材料，完成至醒麵完畢。

3 參考 P.79~80 完成分割→擀皮動作，麵皮擀橢圓形。

4 一手托著麵皮，另一手抹入 20g 內餡、放上 1 隻草蝦，接合處抹適量清水。

5 指尖把中心捏緊，再依序捏合兩側。

6 參考 P.83 將水餃煎熟，完成。

Part 2

酥油皮類

Topic 所謂的「酥油皮」

酥油皮是「油皮」與「油酥」結合的麵團簡稱。又稱酥皮、油酥皮、油酥類點心、油酥麵皮、起酥皮等等。最大的特徵是靈活運用油皮、油酥、包酥手法、餡料、整形手法等，做出千變萬化的點心。

酥油皮類點心特性主要用麵粉、水、油脂結合，製作出多層次的麵點。藉由烘烤的溫度、配方的水溫、麵粉筋性高低的調配、使用的油脂種類、油酥的比率高低、擀捲的次數等，以上種種因素製作出不同層次的酥餅，搭配不同的整形變化，美味的酥餅便完美呈現。

油皮、油酥的認識

首先，所有的酥油皮類產品只要有使用到油皮、油酥的，一定都是油皮包油酥（把油皮擀開，包入一顆或數顆油酥），絕無油酥包油皮之情況。

油皮（又稱水油皮）調製由麵粉加入水形成麵筋，再搭配適量油脂讓麵皮產生「酥」的口感，主材料是麵粉與水，副材料是油脂，必須讓麵團的筋性形成，有筋性的油皮才足以包住油酥。油皮會因為水的溫度、麵粉高、中、低筋的調配，變化出不一樣的口感。

油酥的比例會讓產品產生層次分明的鬆酥特性，油皮包入油酥，把兩種麵團結合，透過不同的包酥技法，與不同比例油酥，油酥的比例可用 1：1 或 2：1 或 3：2，再搭配包餡，由烤、炸、煎、烙演繹出各式各樣的麵點。

「小餅如嚼月，中有酥與飴。」
──北宋 蘇軾《留別廉守》

吃這小小的餅，好似品著月一般；細細咀嚼，口中有酥酥甜甜的味道。文中的飴指的是麥芽糖；酥指的是酥油。可惜的是縱觀全文，並沒有明確的直指「月餅」二字，實乃餅史一大憾事，但根據這記載，我們也得以窺探一二「酥油皮類點心」與我們的生活是多麼密切，風俗文化是透過時間，一點一點的沉澱、積累，遙望古今，看著或許是咱們月餅前身的「老祖宗」初次紀載，真正令人神往不已。

Topic 包酥的「兩層」分類法

因各地對包酥的稱法不同，「包酥」又被稱為開酥、起酥、破酥。皆是以油皮為外皮，油酥為內裹。把油皮擀開，包入油酥，再透過擀捲、擀壓、擀摺等手法，使皮酥層層相隔，形成所謂的「層次」。用最簡單的比喻來說，平常我們把蛋黃酥切開，觀察切面的皮，是不是可以看到一層一層的質感？這便是酥油皮的層次，油皮與油酥經過擀捲，層層相隔，產生層次分明的現象。

Level 1. 第一層：先依照「包酥」方法分類

包酥方法在酥油皮類產品的製作中至關重要。產品的配方比例、油酥軟硬度、整體的操作性都會影響到最後的成品，最常見的包酥方法是「❶ 小包酥」與「❷ 大包酥」。

	❶ 小包酥	❷ 大包酥
概論	1. 油皮、油酥分別備妥。 2. 分別分割油皮、油酥。 3. 透過鬆弛讓油皮恢復操作性後，一個個將油皮擀開，包入油酥，分別擀捲完成。	1. 油皮油酥分別備妥。 2. 透過鬆弛讓油皮恢復操作性後，使用未分割之大油皮，包住未分割之大油酥，擀捲後再一次性分割。
製作方法	分割的油皮一顆 包入 分割的油酥油酥一顆	做一次油皮包油酥 再進行分切
精緻度	高 產品層次較多 層次均勻、分明	低 產品層次較少 層次不均、不明顯
速度	慢 無法大量生產 （可搭配雙粒酥技法改進）	快 速度快、效率好 生產速度高

擀捲或摺疊就是酥油皮層次的來源，如果沒有進行這個步驟，產品是不會具備層次的。

Level 2. 第二層：再按照「成形」方法分類

前述提到，包酥的方法最常見的便是「小包酥」與「大包酥」。在此基礎下又可以第二層細分成Ⓐ明酥、Ⓑ暗酥、Ⓒ餡酥、Ⓓ排酥、Ⓔ直酥。

A 明酥	大包酥與小包酥都可做明酥。明酥表面會看出層次。可以利用雙粒酥技法包酥，雙粒酥技法與圓酥相同，圓酥是圓形狀的酥皮層次。直切或橫切，切法不同外表的層次就會不同。 ★比如外觀呈螺旋狀的芋頭千層酥、乳牛酥、彩虹酥。
B 暗酥	大包酥與小包酥都可做暗酥。暗酥表面看不到層次，須把成品切開，觀察剖面才能看到層次。 ★比如切開後才看的見層次的蛋黃酥、綠豆椪。
C 餡酥	大包酥與小包酥都可做餡酥。餡酥就是在油酥裡加入了其他的調味料，油酥做等於餡了，油皮包入餡酥，再進行堆疊麵，讓產品產生層次。 ★比如宜蘭牛舌餅、宜蘭烤燒餅。
D 排酥	排酥是大包酥製作法。透過不同的技術製作大包酥，可能三摺一（摺三次）；或四摺一（摺兩次）的手法，進行切割堆疊，做出高難度的造型酥餅點心。 ★比如天鵝酥。
E 直酥	直酥一般用小包酥包完油酥後，再用雙粒酥技法操作。直酥表面會看出層次，直切或橫切，切法不同外表的層次就會不同，直酥層次方向是直的。 ★比如蘿蔔絲酥餅、馬蹄酥。

Topic 酥油皮類的製作流程

計算→備餡→製作油皮→
製作油酥→油皮包油酥→包餡→烘烤

製作酥油皮類產品的時候，要先計算好餡料 / 油皮 / 油酥，三者的製作數量，若準備不足便貿然開始，可能會有多出來或不夠使用的狀況，因此製作前務必再三確認數量。

準備餡料是一項很重要的前置作業步驟，並且不是短時間內能處理完的，因此餡料必須先準備妥當。根據數量進行分割，分割後再搓圓，方便後續包餡，表面蓋上袋子，避免餡料與空氣接觸過久，亦可購買市售餡料，一樣需事先備妥。

油皮的製作

1 攪拌缸加入所有材料。

★注意麵粉要先過篩，使用低筋、中筋麵粉容易結塊，若不過篩，後續攪打很容易結塊。

★固體狀的油脂必須先室溫恢復到手指按壓，可輕鬆留下指痕之程度，太硬材料無法順利結合。

2 慢速攪打到材料大致均勻，粉類不會噴濺。

3 轉中速攪打至成團，油皮的攪打重點是要讓麵粉與水充分結合，打到麵皮光滑細緻。

4 把麵團放上桌面。

5 雙手托住麵團，把麵團側邊朝內、朝底部收入，麵團便會自然成為橢圓團狀。

6 用袋子蓋著，避免麵團與空氣接觸表面風乾。

7 靜置鬆弛 15~20 分鐘。現在是不能立即進行包捲的，因為材料還沒有充分結合，延展性、操作性不佳，硬包硬擀捲酥油皮會破掉，很容易破皮或破酥。

油酥的製作

8 攪拌缸加入所有材料。

★注意麵粉要先過篩，使用低筋、中筋麵粉容易結塊，若不過篩，後續攪打很容易結塊。

★固體狀的油脂必須先室溫恢復到手指按壓，可輕鬆留下指痕之程度，太硬材料無法順利結合。

9 慢速攪打 3~4 分鐘，讓材料大致均勻，粉類不會噴濺。

10 轉中速攪打到成團，此處只要成團即可，不需要打到麵團質地產生變化。

11 完成後把麵團移至桌面，表面用袋子蓋著，避免麵團與空氣接觸表面風乾。

「油皮包油酥」的各種手法

油皮包油酥手法 1：大包酥

依序製作油皮，再製作油酥。大包酥不需要分割，可以直接拿攪打好的麵團進行製作，但油皮還是要先鬆弛哦！沒有鬆弛的油皮筋性不佳，延展性不好，不具備操作性，直接做容易破酥。

1　油皮擀開，放上油酥。

2　油皮油酥都要擀開，但油皮要擀兩倍大。把油皮蓋上。

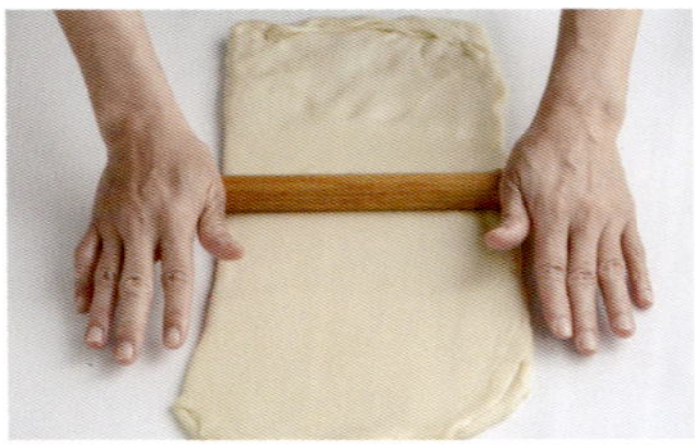

3　取擀麵棍擀開，工具也要抹適量中筋麵粉防止沾黏。

4　取 1/4 朝前摺起。

5　取另一端 1/4 摺回。注意這邊並沒有疊在一起。

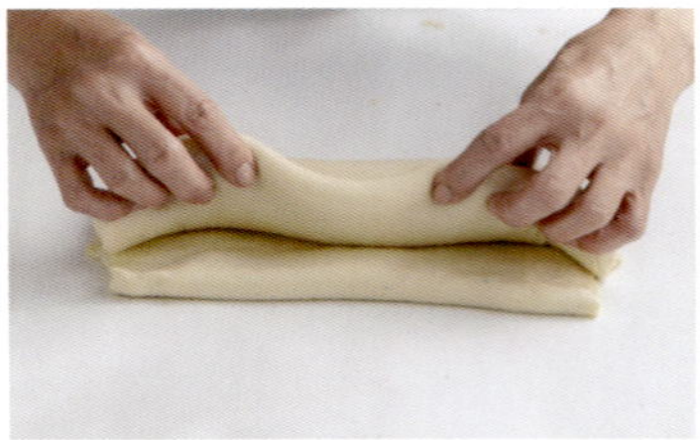

6　取一端向前疊起，此為四摺一，麵皮有了四個層次。或是四摺二次因產品需求作改變。

7　將麵團擀開，擀開後修邊，切長方條狀。

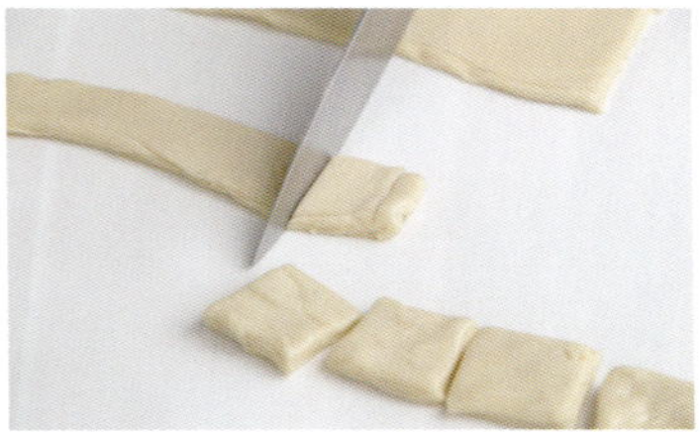

8　分切成正方片狀，蓋上袋子，鬆弛 10~12 分鐘。

9　鬆弛後的麵皮就可以擀開包餡囉～

油皮包油酥手法 2：小包酥（又稱單粒酥）

取鬆弛完畢之油皮，依照產品需求進行分割，分割後放於桌上，用袋子蓋著。接著取油酥，依照產品需求進行分割，分割後一樣略搓圓放於桌上，用袋子蓋著。兩個都分割好後，取第一個分割的油皮與油酥，開始進行包酥。

1　油皮擀開，放入油酥。

2　包覆收口。

3　收口面朝上。

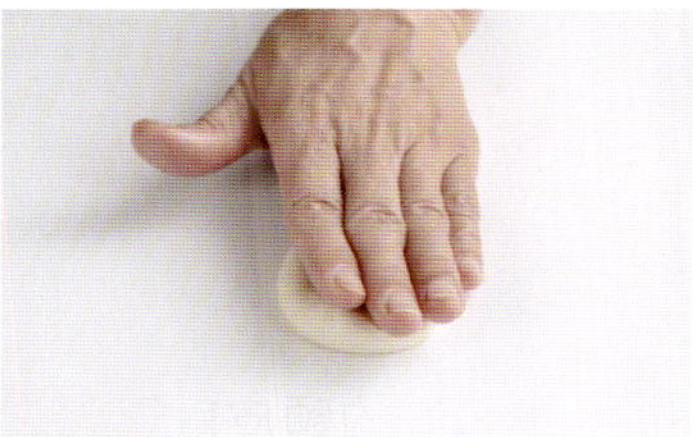

4　輕輕拍開。

5　以擀麵棍擀長。

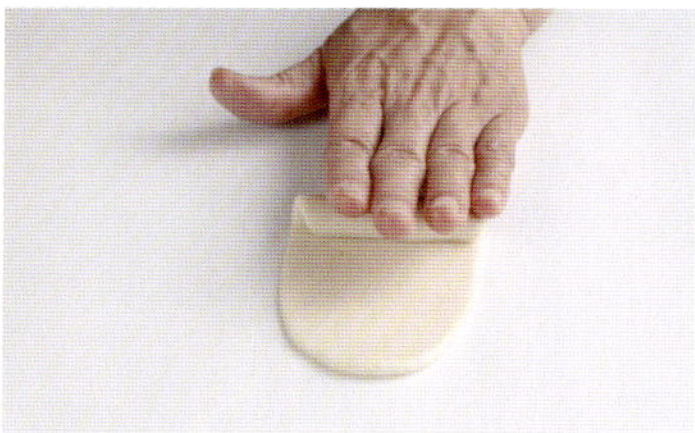

6　四指前推，捲起。

7　收摺面朝上。此為擀捲第一次。

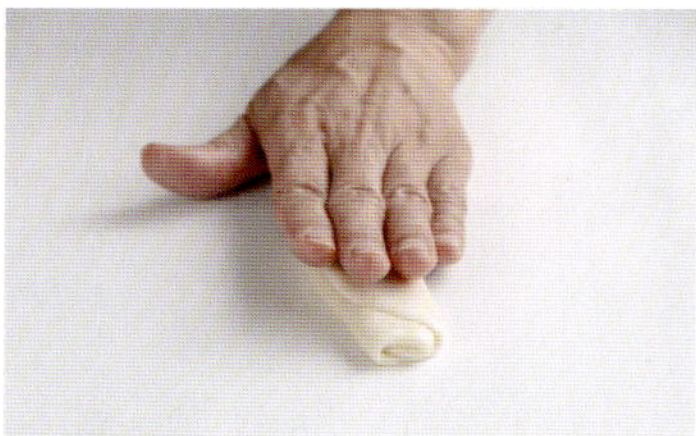

8　一共要擀捲兩次，將麵團輕輕拍開。

9　以擀麵棍擀長。

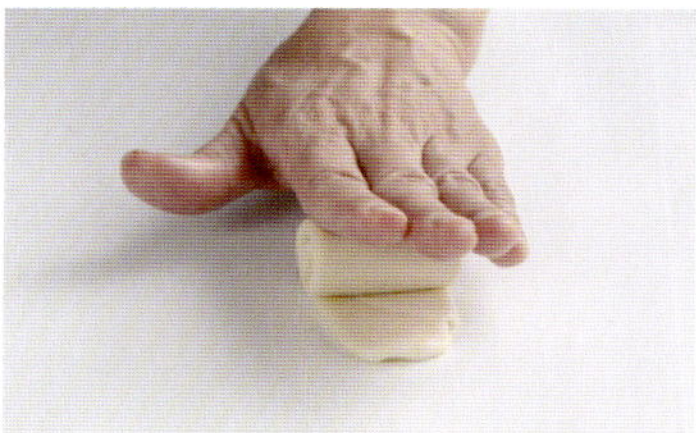

10　四指前推，捲起。

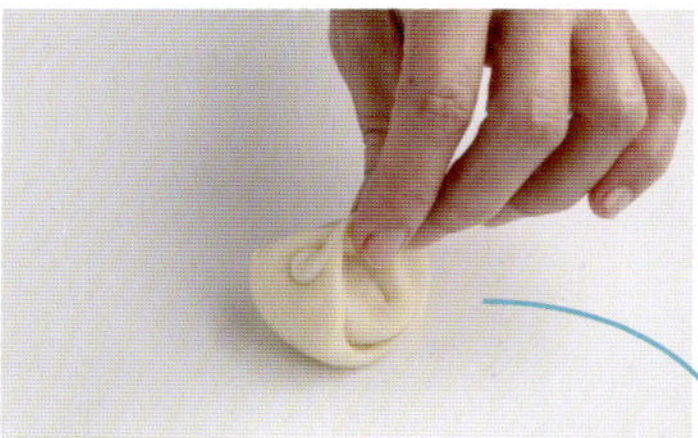

11　收摺面朝上，兩指將前後兩端朝中心捏。

Tips　手指捏的那一面是「擀麵棍擀開面 & 包餡面」，接觸桌面的是光滑面，會露在外部。

12　蓋上袋子，鬆弛 10~12 分鐘，鬆弛後的麵皮就可以擀開包餡囉～

油皮包油酥手法 3：雙粒酥

取鬆弛完畢之油皮，依照產品需求進行分割，分割後放於桌上，用袋子蓋著。接著取油酥，依照產品需求進行分割，分割後一樣放於桌上，用袋子蓋著。兩個都分割好後，取第一個分割的油皮與油酥，開始進行包酥。

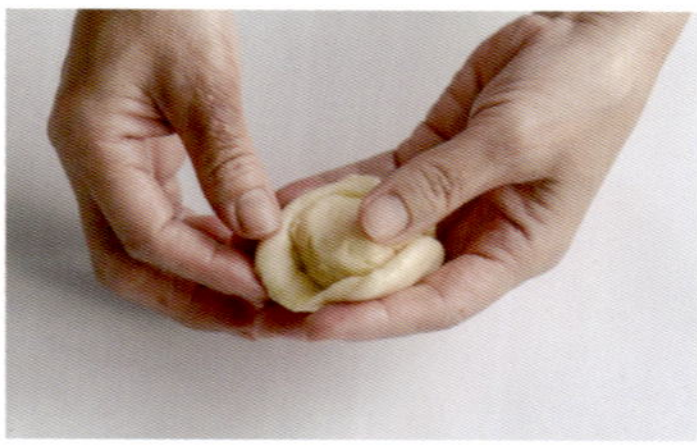

1 油皮擀開，放入油酥。

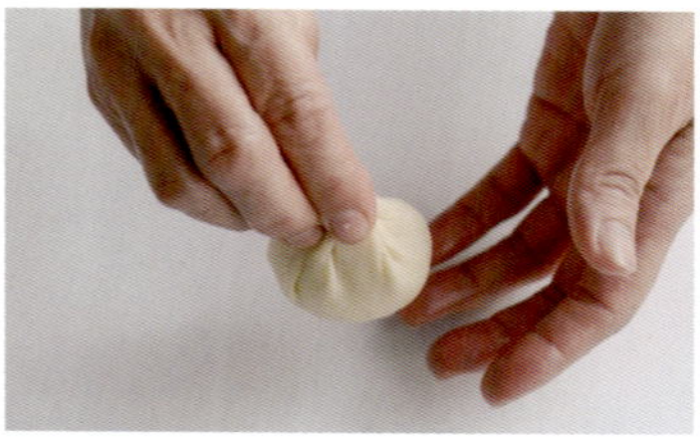

2 包覆收口。

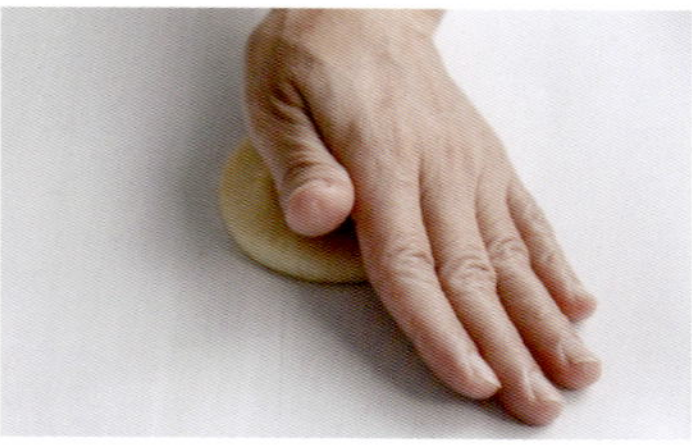

3 收口面輕輕拍開。

4 以擀麵棍擀長。

5 取 1/3 朝前摺起。

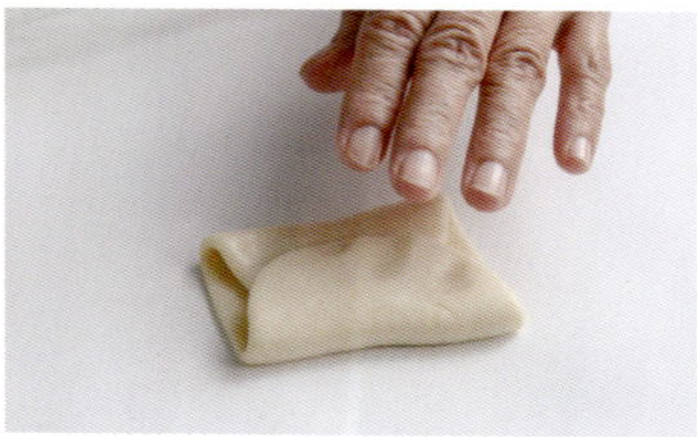

6 取 1/3 摺回。

7 轉向，以擀麵棍擀長。

8 四指前推，捲起。

9 捲起成條狀。

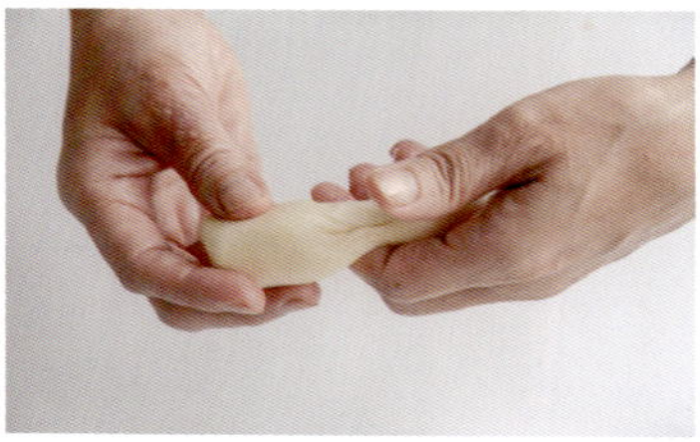

10 手指捏住中間。

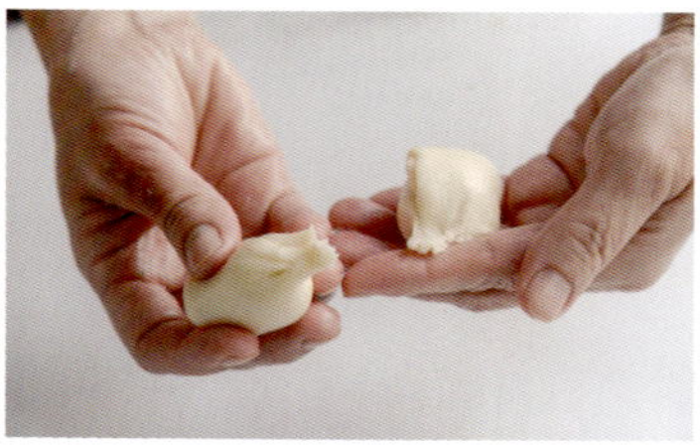

11 一分為二，便成了雙粒酥。蓋上袋子，鬆弛 10~12 分鐘。

12 鬆弛後的麵皮就可以擀開包餡囉～

油皮包油酥手法 4：千層酥

參考 P.107 小包酥作法，完成至作法 5 的把麵團擀開。

1　接下來一樣是前推，但斜著捲起面積會較大。

2　收口朝上，以擀麵棍擀長。

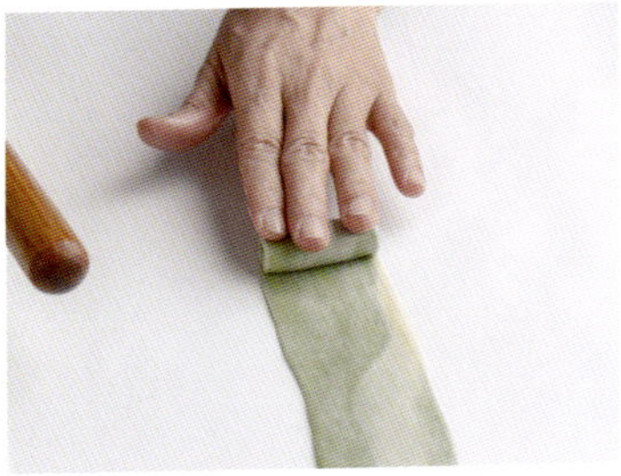

3　四指前推，捲起。

★斜捲的麵皮會很長，才有辦法擀這麼長。

4　這個產品屬於明酥，此處捲的圈數越多。

5　層次就越多。

6　從中切兩刀。

7　將麵團擺正，擺正的這面是露在外面的。

8　手指指的麵團是「擀麵棍擀開面 & 包餡面」。

9　擀開後就可以進行包餡囉～

Tips　擀開的時候，要注意圓心是否在中心、圓圈是否均勻擴散？包餡的時候，只要對準中心，包出來的千層酥就會層層疊疊、非常好看。

油皮包油酥手法 5：彩色酥皮

分割的時候會把一個油皮，包入數個「染色油酥」，搭配千層酥的操作方法，就可以做出如彩虹般美麗的層次。

取鬆弛完畢之油皮，依照產品需求進行分割，分割後略搓圓放於桌上，用袋子蓋著。接著取染色油酥，依照產品需求進行分割，分割後一樣略搓圓放於桌上，用袋子蓋著。兩者都分割好後，取第一個分割的油皮與染色油酥，搭配適量中筋麵粉防止沾黏，開始進行包酥。。

1　油皮擀開，依序放入油酥。

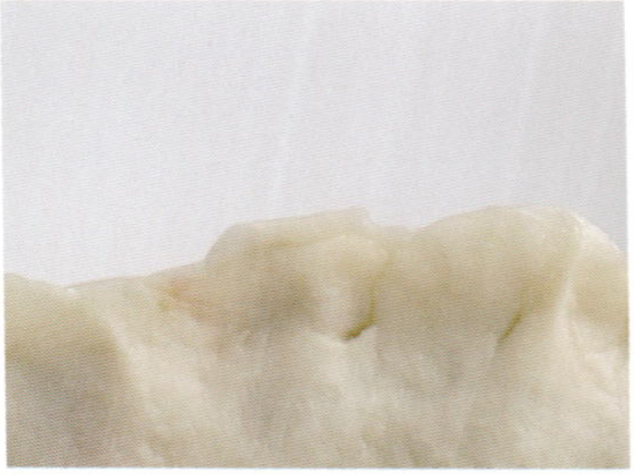

2　把油皮捏合。

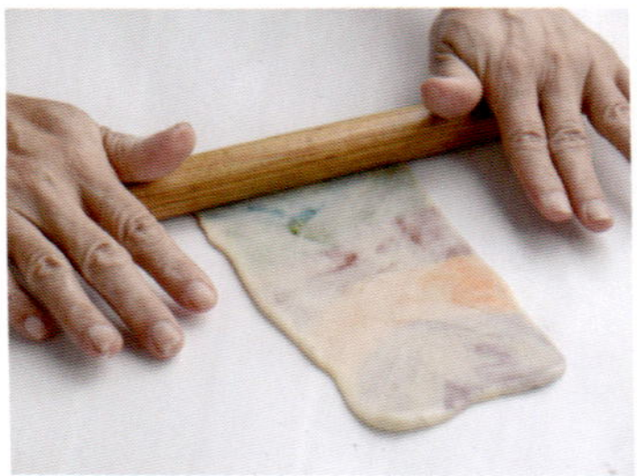

3　轉 90 度，擀開。

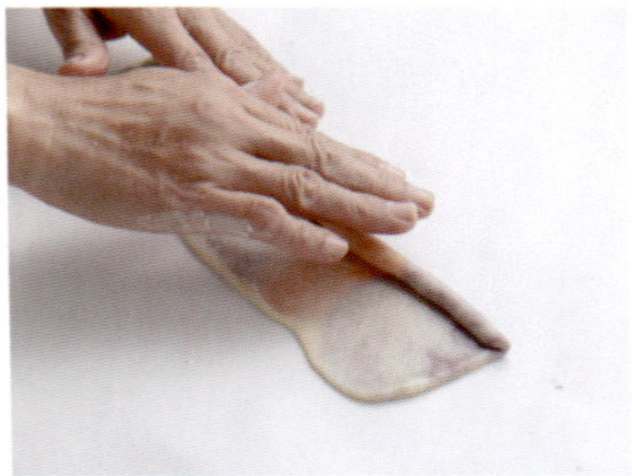

4　從側邊斜著捲起，斜著捲起面積會比較大。

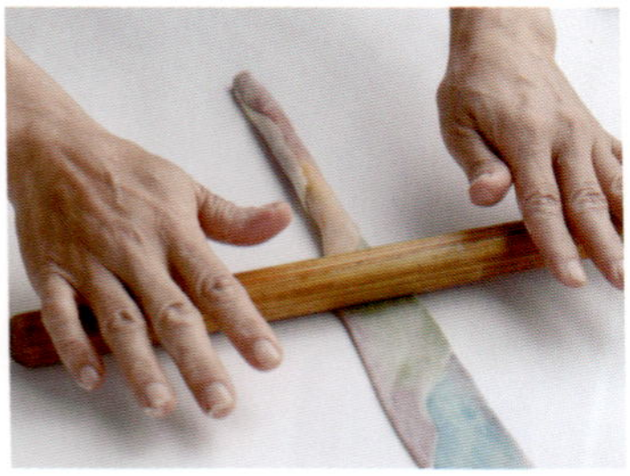

5　收口朝上，以擀麵棍擀長。

6　四指前推，捲起。

7　從中切兩刀。

8　刀切面是擺正的（要露在外面），手指指的是反面。

9　反面是「擀麵棍擀開面 & 包餡面」。

Tips　擀開的時候，要注意圓心是否在中心、圓圈是否均勻擴散？包餡的時候，只要對準中心，包出來的千層酥就會層層疊疊、非常好看。

酥油皮包內餡方法

酥油皮包酥、擀捲後，是否鬆弛其實與製作量有很大的關係。如果今天一次做一百個，通常擀捲好就可以直接擀開包餡了。但家庭製作量比較少，速度也比較快，因此擀捲後要再鬆弛 10 分鐘。是否鬆弛重點在「麵皮是否具備延展性」，若以達到可以擀開、包餡之程度便不用鬆弛，若操作性延展性不足，那就需要鬆弛 10 分鐘。

反面是「擀麵棍擀開面 & 包餡面」，露在外面的是「與桌面接觸的光滑面」。

辨認油酥皮的包餡面、光滑面、收口處非常重要。若擀反：如千層酥，可能隨著擀開，層次消失。包反：烤好後會從中心炸開層次，因為收口處露在外面。

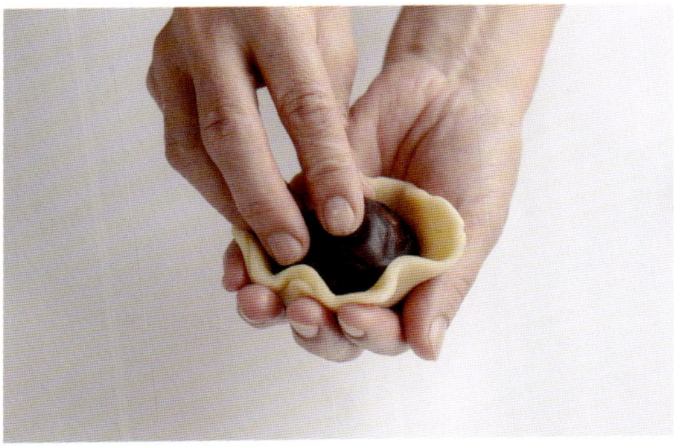

1 取擀開的酥油皮，在「擀麵棍擀開面 & 包餡面」，放上內餡。

2 用虎口將麵皮向上推擠。

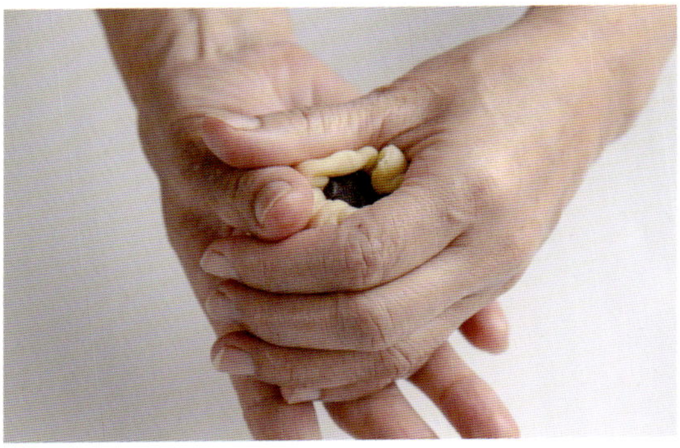

3 推擠至收口。

4 收口處捏尖，輕壓，捏尖的這面就是收口面，要朝下放置。

No.35 宜蘭牛舌餅

油皮

材料	公克
中筋麵粉	396
水	193
糖粉（過篩）	44
無水奶油	132

鹹餡酥

低筋麵粉（過篩）	160
豬油	70
油蔥酥	10
乾燥蔥	3
鹽	4
白胡椒粉	2
雞粉	5

甜餡酥

無水奶油	40
糖粉（過篩）	54
麥芽	40
蜂蜜	27
低筋麵粉（過篩）	93
水（調節軟硬度用）	3

1 參考 P.104 完成至油皮鬆弛完畢。

2 這個產品屬於「餡酥」，油酥即是餡料。製作挑選鹹、甜口味，參考 P.105 完成油酥製作。
★本頁一份油皮配方，可以製作鹹餡酥、甜餡酥各一份。

3 油皮搓長，分割 12g。餡酥搓長，分割 8g，都用袋子蓋起避免表面風乾。

4 參考 P.107 小包酥技法，完成油皮包油酥。收整成長橢圓形，用袋子蓋著靜置鬆弛 10 分鐘。

5 擀麵棍擀長，間距相等排上不沾烤盤，中心劃 1 刀。（下圖）

6 送入預熱好的烤箱，以上火 160°C/ 下火 150°C，烤 7~8 分鐘，關上火下火維持不變，燜 5~10 分鐘。

No.36 高雄鮮奶牛舌餅

作法5

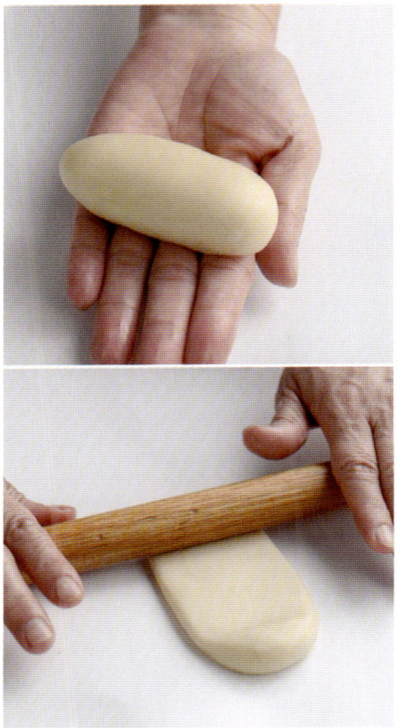

作法6

製作數量：約 46 個

油皮

材料	公克
中筋麵粉	360
水	176
糖粉（過篩）	40
無水奶油	120

甜餡酥

糖粉（過篩）	520
全蛋	40
85% 水飴麥芽糖	160
熟麵粉	360
全脂奶粉（過篩）	360
鹽	少許
無鹽奶油	160

1 參考 P.104 完成至油皮鬆弛完畢。

2 這個產品屬於「餡酥」，油酥即是餡料。參考 P.105 完成油酥製作。

3 油皮搓長，分割 15g。餡酥搓長，分割 30g，用袋子蓋起避免表面風乾。

4 參考 P.107 小包酥技法，完成油皮包油酥。收整成長橢圓形，用袋子蓋著靜置鬆弛 10 分鐘。

5 擀麵棍擀長，間距相等排上不沾烤盤，中心劃 1 刀。

6 送入預熱好的烤箱，以上火 160°C/ 下火 150°C，烤 10 分鐘，關上火下火維持不變，燜 5~10 分鐘。

No.37 鹿港牛舌餅

製作數量：38 個

油皮		
	材料	公克
	中筋麵粉	580
	水	270
	糖粉（過篩）	62
	無水奶油	238
油酥		
	低筋麵粉（過篩）	400
	無水奶油	180
內餡		
A	無水奶油	100
A	糖粉（過篩）	200
A	85% 水貽麥芽糖	190
A	鹽	3
A	全脂奶粉（過篩）	150
A	北海道煉乳	200
B	烤熟的低筋麵粉	200
C	動物性鮮奶油	適量

1 攪拌缸加入內餡材料 A，慢速攪拌 3~4 分鐘。加入材料 B 中速攪拌至大致均勻。

2 分次加入動物性鮮奶油，每次都要等材料吸收液體，才可再加，拌至成團。

3 取出完成的內餡搓長，分割 30g，用袋子蓋著備用，避免風乾。

4 參考 P.104 完成至油皮鬆弛完畢。

5 參考 P.105 完成油酥製作。

6 油皮搓長，分割 30g。油酥搓長，分割 15g，都用袋子蓋起避免表面風乾。

7 參考 P.107 小包酥技法，完成油皮包油酥。用袋子蓋起靜置鬆弛 10 分鐘。

8 參考 P.111 包餡，收整成長橢圓形，再用擀麵棍擀長，間距相等排上不沾烤盤。

9 送入預熱好的烤箱，以上火 180°C/ 下火 200°C，烤 10 分鐘，時間到產品用夾子一個一個翻面，再烤 10~15 分鐘。

No.38 竹山地瓜餅

製作數量：參考 P.118 油酥、油皮配方。
配方一共可做 36 個。可做 18 個 No.38 竹山地瓜餅、18 個 No.39 大甲芋頭餅。

地瓜餡

材料	公克
煮熟地瓜	675
二砂糖	135
無鹽奶油	68
鹽	2.7
全脂奶粉（過篩）	41

油皮、油酥配方

參考 P.118 油酥、油皮配方。配方一共可做 36 個。可做 18 個 No.38 竹山地瓜餅、18 個 No.39 大甲芋頭餅。

1 生地瓜洗淨去皮，用電鍋蒸熟，取出壓泥。

2 趁熱加入剩餘地瓜餡材料拌勻，放涼，分割 50g，用袋子蓋著備用，避免風乾。

3 參考 P.104 完成至油皮鬆弛完畢。

4 參考 P.105 完成油酥製作。

5 參考 P.106 大包酥技法，完成油皮包油酥。分割 36 張皮，酥油皮一張重約 25g，用袋子蓋起靜置鬆弛 10 分鐘，鬆弛完畢即可擀開包餡。

6 參考 P.111 包餡，收整成圓餅狀，間距相等排上不沾烤盤，表面用叉子戳洞。

7 送入預熱好的烤箱，以上火 180°C/ 下火 200°C，烤 10 分鐘翻面再 10~15 分鐘。

No.39 大甲芋頭餅

作法6

作法7

作法8

製作數量：本頁油酥、油皮配方。配方一共可做 36 個。可做 18 個 No.38 竹山地瓜餅、18 個 No.39 大甲芋頭餅。

油皮

材料	公克
高筋麵粉	240
低筋麵粉（過篩）	60
糖粉（過篩）	20
豬油	100
水	120

油酥

低筋麵粉（過篩）	250
豬油	125

★油皮油酥配方一共可做 36 個。可做 18 個 No. 38 竹山地瓜餅、18 個 No. 39 大甲芋頭餅。

芋頭餡

煮熟芋頭	675
二砂糖	135
無鹽奶油	68
鹽	2.7
全脂奶粉（過篩）	41

1 生芋頭洗淨去皮，用電鍋蒸熟，取出壓泥。

2 熱加入剩餘芋頭餡材料拌勻，放涼，分割 50g，用袋子蓋著備用，避免風乾。

3 參考 P.104 完成至油皮鬆弛完畢。

4 參考 P.105 完成油酥製作。

5 參考 P.106 大包酥技法，完成油皮包油酥。分割 36 張皮，酥油皮一張重約 25g，用袋子蓋起靜置鬆弛 10 分鐘，鬆弛完畢即可擀開包餡。

6 參考 P.111 包餡，收整成圓球狀，再擀成圓餅，間距相等排上不沾烤盤。

7 適量米酒與紅色色素混勻，沾濕廚房紙巾，印章輕壓紙巾，轉印至餅中心。

8 送入預熱好的烤箱，以上火 180°C/ 下火 200°C，烤 10 分鐘翻面再 10~15 分鐘。

★翻面需用夾子一個一個翻面。

No.40 芋頭千層酥

作法 5 作法 6 作法 7 作法 8

製作數量：30 個

油皮	
材料	公克
中筋麵粉	300
糖粉（過篩）	50
無水奶油	120
水	130

油酥	
低筋麵粉（過篩）	300
無水奶油	130
紫薯粉（過篩）	20

內餡	
市售芋頭餡	960
市售麻糬	240

★自製芋頭餡可參考 P. 118~119 製作。

1 市售芋頭餡分割 32g。市售麻糬分割 8g。表面覆蓋袋子，避免材料風乾。

2 參考 P.104 完成至油皮鬆弛完畢。

3 參考 P.105 完成油酥製作。

4 油皮搓長，分割 40g。油酥搓長，分割 30g，都用袋子蓋起避免表面風乾。

5 參考 P.109 千層酥技法，完成油皮包油酥。用袋子蓋著靜置鬆弛 10 分鐘，再擀開（麵皮擀中間厚、旁邊薄）。
★參閱本頁步驟圖【作法 5】，手指指的是「擀麵棍擀開面 & 包餡面」，請把這一面擀開，進行包餡。

6 參考 P.111 進行包餡，內餡放的時候要對準圓心。

7 收口朝下放置，間距相等排入不沾烤盤。

8 送入預熱好的烤箱，以上火 180°C/ 下火 160°C，先烤 20 分鐘。時間到烤盤取出調頭，再烤 10 分鐘。關火，燜 10 分鐘。

No.41 抹茶千層酥

作法5

作法6

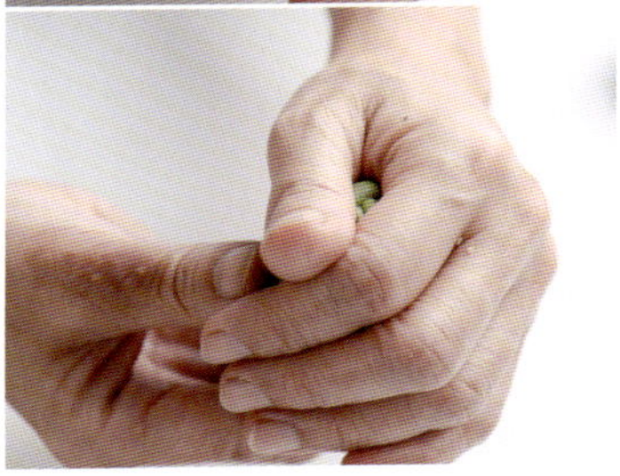

作法7

作法8

製作數量：30 個

油皮

材料	公克
中筋麵粉	300
糖粉（過篩）	50
無水奶油	120
水	130

油酥

低筋麵粉（過篩）	300
無水奶油	130
抹茶粉（過篩）	10

內餡

市售抹茶餡	960
市售麻糬	240

1 市售抹茶餡分割 32g。市售麻糬分割 8g。表面覆蓋袋子，避免材料風乾。

2 參考 P.104 完成至油皮鬆弛完畢。

3 參考 P.105 完成油酥製作。

4 油皮搓長，分割 40g。油酥搓長，分割 30g，都用袋子蓋起避免表面風乾。

5 參考 P.109 千層酥技法，完成油皮包油酥。用袋子蓋著靜置鬆弛 10 分鐘，再擀開（麵皮擀中間厚、旁邊薄）。
★參閱本頁步驟圖【作法 5】，手指指的是「擀麵棍擀開面 & 包餡面」，請把這一面擀開，進行包餡。

6 參考 P.111 進行包餡，內餡放的時候要對準圓心。

7 收口朝下放置，間距相等排入不沾烤盤。

8 送入預熱好的烤箱，以上火 180°C/ 下火 160°C，先烤 30 分鐘。時間到烤盤取出調頭，再烤 10 分鐘。關火，燜 10 分鐘。

No.42 彩虹酥

製作數量：約 40 個

油皮	
材料	公克
中筋麵粉	430
糖粉（過篩）	80
無水奶油	170
水	200

油酥	
低筋麵粉（過篩）	450
無水奶油	200

油酥染色	
竹炭粉	3
紅麴粉	4
抹茶粉	4
薑黃粉	4

★紫色可以使用野梅粉 4g、紫薯粉 4g。橘色使用黃金乳酪粉 4g。藍色使用藍蝶豆花粉 4g。

內餡	
市售東方美人餡	1400
烤核桃	200

1 內餡材料混勻分割 40g，用袋子蓋起避免表面風乾。

2 參考 P.104 完成至油皮鬆弛完畢。

3 參考 P.105 完成油酥製作。製作完畢進行染色；120g 油酥麵團，選擇粉類進行染色。

★配方油酥分割 120g 約可分割 5 團，分別染 5 種顏色。後續每一個顏色再分割 6g。總共組合 5 種顏色，排列在油皮。

4 油皮搓長，分割 40g。油酥搓長，分割 6g，都用袋子蓋起避免表面風乾。

5 參考 P.110 彩色酥皮技法，完成油皮包油酥。用袋子蓋著靜置鬆弛 10 分鐘，再擀開。

★一個 40g 的油皮，包入 5 個不同顏色的油酥，每個油酥都是 6g，總共會包入 30g 油酥。

6 參考 P.111 進行包餡，內餡放的時候要對準圓心。

7 收口朝下放置，間距相等排入不沾烤盤。

8 送入預熱好的烤箱，以上火 180°C/ 下火 160°C，先烤 20 分鐘烤至上色。溫度調至上下火 150°C，再烤 10~15 分鐘。溫度烤法參考 No.40 成品。

No.43 乳牛酥

製作數量：30 個

油皮	
材料	公克
中筋麵粉	300
糖粉（過篩）	50
無水奶油	120
水	130
油酥	
低筋麵粉（過篩）	330
無水奶油	150
內餡	
市售東方美人茶餡	1400
烤過核桃	200

作法5
作法7

作法8

作法9

1 市售東方美人餡分割 40g，用袋子蓋起避免表面風乾。

2 參考 P.104 完成至油皮鬆弛完畢。

3 參考 P.105 完成油酥製作。

4 油皮搓長，分割 40g。油酥搓長，分割 30g（此為白色油酥），都用袋子蓋起避免表面風乾。
★注意油酥不要分割完，要留 20g 與粉類染色。

5 分割後進行染色；20g 油酥麵團，與適量竹炭粉進行染色，擀成長片狀，切小段。

6 參考 P.107 小包酥作法（包入白色油酥），完成至該頁作法 5 的把麵團擀開。

7 斜著把麵皮捲起（斜著捲面積會比較大）。

8 收口朝上再次擀長，隨意放上切成小段的黑色油酥（染色油酥），捲起。
★變化圖：放不同顏色的油酥，就會有不同效果。

9 從中切開，刀切面是露在外的，另一面便是「擀麵棍擀開面 & 包餡面」。
★乳牛酥是千層酥的應用版，可以參考 P. 109，作法非常相似。

10 用袋子蓋著靜置鬆弛 10 分鐘，再擀開（麵皮擀中間厚、旁邊薄）。

11 參考 P.111 進行包餡，內餡放的時候要對準圓心。

12 收口朝下放置，間距相等排入不沾烤盤。

13 送入預熱好的烤箱，以上火 180°C/ 下火 160°C，先烤 20 分鐘烤至上色。溫度調至上下火 150°C，再烤 10~15 分鐘。

鳳梨酥皮的製作

※ 產品屬於糕漿皮類範圍，請見 P.196 之解說。

🡅 左邊是作法 5 剛攪打好的模樣，右邊是作法 6 鬆弛後的模樣。右邊表面光滑，可以明顯看出材料結合得更好了。

製作數量：25 個

水油皮

材料	公克
發酵奶油	150
無水奶油	100
糖粉（過篩）	70
全蛋液	80
奶粉（過篩）	40
椰子細粉（過篩）	25
低筋麵粉（過篩）	250~300

★注意粉類要先過篩，在臺灣麵粉容易受潮，若不過篩，後續攪打很容易結塊。

★固體狀的油脂（發酵奶油、無水奶油）必須先室溫恢復到手指按壓，可輕鬆留下指痕之程度（約 16~20°C），太硬材料無法順利結合。

★全蛋液恢復到常溫狀態（約 16~20°C），蛋液太冷，加入攪拌時會因為溫差無法融入材料，容易油水分離。

1 發酵奶油、無水奶油、過篩糖粉，加入攪拌缸。

2 槳狀攪拌器慢速攪打到材料大致均勻，粉類不會噴濺。

3 分次加入全蛋液，繼續以慢速攪打。每次都要攪打到蛋液完全吸收，才可以再加下一次。

4 待蛋液全數與缸內材料混勻，乳化完畢。

5 加入過篩奶粉、過篩椰子細粉、過篩低筋麵粉，慢速攪打至材料均勻。

6 用袋子妥善包覆，鬆弛 10~20 分鐘。讓液體材料充分與麵粉結合。

7 從袋子取出放上桌面，用手掌將麵團推出去。

8 再收回來，反覆數次調整麵團軟硬度，軟硬度可以時就可停下，進行分割。

分割包餡示範

9 分割 30g，把麵團壓開。

10 依照產品需求包入分割好的內餡。

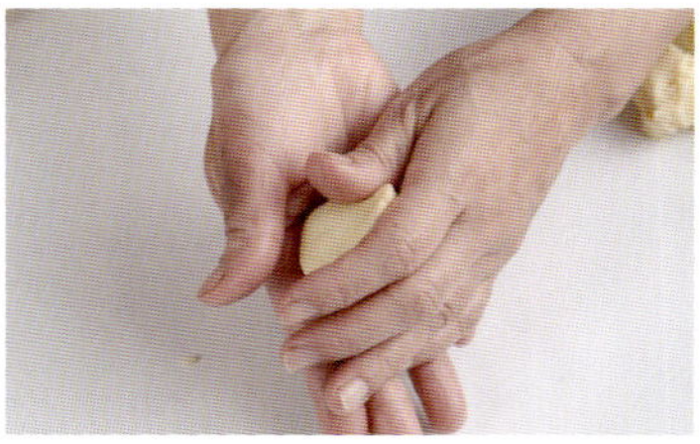

11 用虎口將麵皮向上推擠，推擠至收口，整顆搓圓完成。

No.44 鳳梨酥

作法3

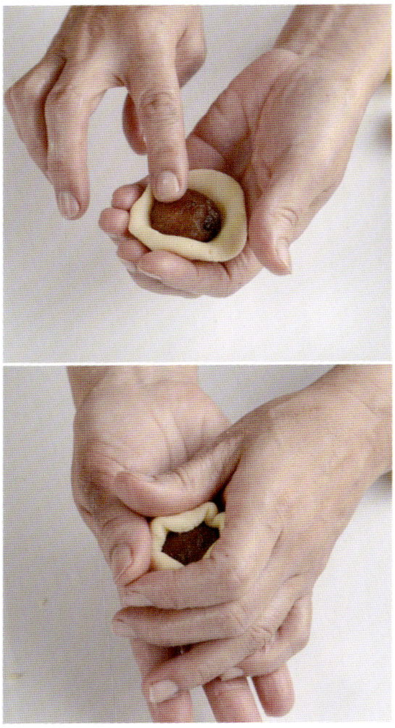

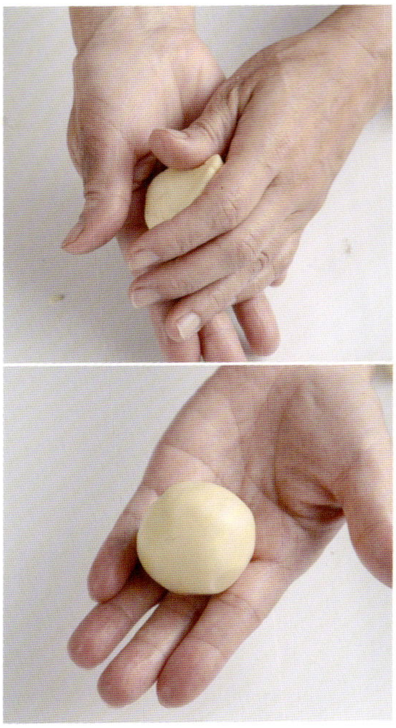

作法5

製作數量：26 個

內餡

材料	公克
市售土鳳梨餡	500
無水奶油	20

1. 鋼盆加入市售土鳳梨餡、無水奶油，以打蛋器拌勻。分割 20g，表面覆蓋袋子，避免材料風乾。

   ★無水奶油必須先室溫恢復到手指按壓，可輕鬆留下指痕之程度（約 16~20°C），太硬材料無法順利結合。

   ★也可以用攪拌機把內餡混勻，慢速打到材料均勻即可。

2. 參考 P.128~129 完成至鳳梨皮分割完畢。
3. 鳳梨皮搓圓輕輕拍開，包入內餡，用虎口將麵皮向上推擠，推擠至收口，整顆搓圓完成。
4. 不沾烤盤間距相等放上鳳梨模，模具用可容納 50g 重量之鳳梨模。
5. 麵團收口朝下放置，放入鳳梨模壓平。
6. 送入預熱好的烤箱，以上火 180°C/ 下火 160°C，先烤 20 分鐘，時間到觀察上色狀態，上下都有上色的話，疊上一個烤盤，整盤翻面，翻面後再烤 20 分鐘。

No.45 鳳凰酥

製作數量：25 個

內餡

材料	公克
市售土鳳梨餡	200
市售冬瓜餡	200
烤熟鹹蛋黃	100

1　鋼盆加入市售土鳳梨餡、市售冬瓜餡、烤熟鹹蛋黃拌勻。分割 20g，表面覆蓋袋子，避免材料風乾。

★前置須把鹹蛋黃烤過。鹹蛋黃秤需要的重量，間距相等放上不沾烤盤，表面噴米酒（或伏特加等高度數酒精），以上火 160°C ／下火 150°C 烘烤 20 分鐘。

★米酒等高濃度酒精，可以去除鹹蛋黃的腥味。

★也可以用攪拌機把內餡混勻，慢速打到材料均勻即可。

2　參考 P.128~129 完成至鳳梨皮分割完畢。

3　鳳梨皮搓圓輕輕拍開，包入內餡，用虎口將麵皮向上推擠，推擠至收口，整顆搓圓完成。

4　不沾烤盤間距相等放上鳳梨模，模具用可容納 50g 重量之鳳梨模。

5　麵團收口朝下放置，放入鳳梨模壓平。

6　送入預熱好的烤箱，以上火 180°C/ 下火 160°C，先烤 20 分鐘，時間到觀察上色狀態，上下都有上色的話，疊上一個烤盤，整盤翻面，翻面後再烤 20 分鐘。

No.46 李子蜜餞鳳梨酥

製作數量：25 個

內餡

材料	公克
市售土鳳梨餡	200
市售冬瓜餡	200
李子蜜餞	100

1 鋼盆加入市售土鳳梨餡、市售冬瓜餡、李子蜜餞乾拌勻。分割 20g，表面覆蓋袋子，避免材料風乾。

2 參考 P.128~129 完成至鳳梨皮分割完畢。

3 鳳梨皮搓圓輕輕拍開，包入內餡，用虎口將麵皮向上推擠，推擠至收口，整顆搓圓完成。

4 不沾烤盤間距相等放上鳳梨模，模具用可容納 50g 重量之鳳梨模。

5 麵團收口朝下放置，放入鳳梨模壓平。

6 送入預熱好的烤箱，以上火 180°C/ 下火 160°C，先烤 20 分鐘，時間到觀察上色狀態，上下都有上色的話，疊上一個烤盤，整盤翻面，翻面後再烤 20 分鐘。

No.47 帝王酥

製作數量：20 個

油皮

材料	公克
中筋麵粉	200
低筋麵粉（過篩）	100
糖粉（過篩）	50
無水奶油	115
水	135

油酥

低筋麵粉（過篩）	300
無水奶油	143

內餡

市售有油綠豆餡	600
市售麻糬	200
烤熟鹹蛋黃	10 顆
肉鬆	200
腰果	60 顆
夏威夷豆	60 顆

裝飾

生黑芝麻	適量
生白芝麻	適量

1. 市售麻糬分割 10g；烤熟鹹蛋黃每份包半顆；肉鬆每份包 10g；腰果每份包 3 顆；夏威夷豆每份包 3 顆。
   ★前置須把鹹蛋黃烤過。鹹蛋黃取需要的重量，間距相等放上不沾烤盤，表面噴米酒（或伏特加等高度數酒精），以上火 160°C／下火 150°C 烘烤 20 分鐘。
   ★米酒等高濃度酒精，可以去除鹹蛋黃的腥味。
   ★腰果、夏威夷豆以上火 160°C／下火 150°C 烘烤 30 分鐘。
2. 市售有油綠豆餡分割 30g 搓圓，壓開，包入作法 1 五種材料，收口，再次把餡料搓圓，表面覆蓋袋子，避免材料風乾。
3. 參考 P.104 完成至油皮鬆弛完畢。
4. 參考 P.105 完成油酥製作。
5. 油皮搓長，分割 30g。油酥搓長，分割 20g，都用袋子蓋起避免表面風乾。
6. 參考 P.107 小包酥技法，完成油皮包油酥。用袋子蓋著靜置鬆弛 10 分鐘，再擀開進行包餡。
7. 參考 P.111 進行包餡，收口面沾裝飾生黑芝麻、生白芝麻，壓成 8~10 公分圓餅，用叉子戳洞，間距相等排入不沾烤盤（沾芝麻面放烤盤）。
8. 適量米酒與紅色色素混勻，沾濕廚房紙巾，印章輕壓紙巾，轉印至餅中心。
9. 送入預熱好的烤箱，以上下火 180°C，烘烤 20 分鐘。烤盤取出調頭再烤 15~20 分鐘。
   ★可以使用兩種烘烤模式：❶ 正面烘烤到底。❷ 底部芝麻烘烤再翻面烘烤。

No.48 霸王酥

製作數量：20 個

油皮

材料	公克
中筋麵粉	200
低筋麵粉（過篩）	100
糖粉（過篩）	50
無水奶油	115
水	135

油酥

低筋麵粉（過篩）	300
無水奶油	143

內餡

市售麻糬	200
市售有油綠豆餡	400
市售鴛鴦豆沙餡	400
烤熟鹹蛋黃	10 顆
栗子	20 顆
無花果乾	10 顆
腰果	40 顆

裝飾

生白芝麻	適量

1 市售麻糬分割 10g；烤熟鹹蛋黃每份包半顆；栗子每份包 1 顆；無花果乾每份半顆；腰果每份包 2 顆。

★前置須把鹹蛋黃烤過。鹹蛋黃取需要的重量，間距相等放上不沾烤盤，表面噴米酒（或伏特加等高度數酒精），以上火 160°C／下火 150°C 烘烤 20 分鐘。

★米酒等高濃度酒精，可以去除鹹蛋黃的腥味。

★腰果以上火 160°C／下火 150°C 烘烤 30 分鐘。

2 市售有油綠豆餡、市售鴛鴦豆沙餡各自分割 20g，搓圓。把有油綠豆餡壓開，依序放入鴛鴦豆沙餡、作法 1 五種材料，收口，再次把餡料搓圓，表面覆蓋袋子，避免材料風乾。

3 參考 P.104 完成至油皮鬆弛完畢。

4 參考 P.105 完成油酥製作。

5 油皮搓長，分割 30g。油酥搓長，分割 20g，都用袋子蓋起避免表面風乾。

6 參考 P.107 小包酥技法，完成油皮包油酥。用袋子蓋著靜置鬆弛 10 分鐘，再擀開進行包餡。

7 參考 P.111 進行包餡，捏住收口面，將表面沾裝飾生白芝麻，間距相等排入不沾烤盤（沾芝麻面放烤盤），壓成 8~10 公分圓餅，收口面用叉子戳洞。

8 送入預熱好的烤箱，以上火 180°C/ 下火 200°C，烘烤 20 分鐘，時間到觀察上色狀態，有上色的話，疊上一個烤盤，整盤翻面，再烤 15 分鐘。

★兩面上色後，新手建議一顆一顆翻面，因為疊烤盤翻面需要一點技巧，做的不好會把餅壓扁。

9 時間到再次觀察上色狀態，再次翻面烘烤 10 分鐘，讓兩面顏色均等。

No.49 泡菜酥

製作數量：28 個

作法7

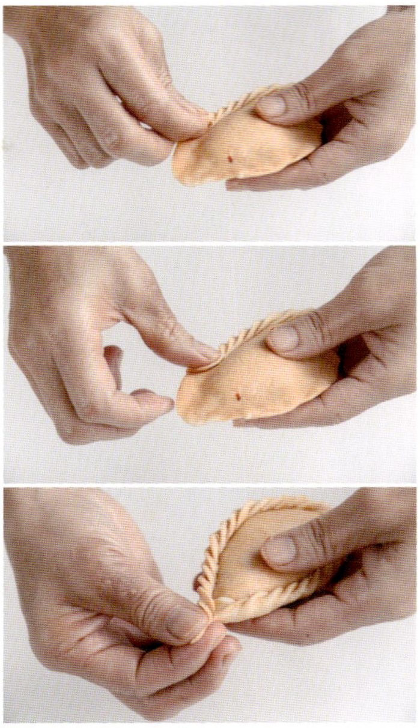

作法8

油皮

材料	公克
中筋麵粉	300
糖粉（過篩）	60
豬油	125
水	130

油酥

低筋麵粉（過篩）	300
豬油	130
辣椒粉	7

內餡

沙拉油	50
豬絞肉（中絞）	300
韓式泡菜	350
鹽	2
白胡椒粉	2
醬油	10
味素	5
糖	10
辣椒粉	5
澄粉	15
水	30

裝飾

蛋黃液	100

1. 平底鍋加入沙拉油，將豬絞肉中火炒香。加入韓式泡菜、剩餘調味料拌炒均勻。
2. 澄粉與水混合均勻，倒入一點點進行芶芡（勾芡不要一次加入所有澄粉水，先加一點拌炒，觀察材料質地，若不夠再加）。拌炒均勻完成，撈起瀝油，靜置冷卻。
3. 參考 P.104 完成至油皮鬆弛完畢。
4. 參考 P.105 完成油酥製作。
5. 油皮搓長，分割 20g。油酥搓長，分割 13~15g，都用袋子蓋起避免表面風乾。
6. 參考 P.107 小包酥技法，完成油皮包油酥。用袋子蓋著靜置鬆弛 10 分鐘，再擀開進行包餡。
7. 酥油皮擀開，放入 25g 內餡，直接捏合，把外圍麵皮捏薄一些，整形成葉子狀。取邊緣麵皮朝上翻摺。
8. 間距相等排入不沾烤盤，刷兩層薄薄的蛋黃液，用竹籤劃葉脈，前後各戳一個洞（戳洞讓麵團透氣，避免酥皮膨脹影響造型）。
9. 送入預熱好的烤箱，以上火 190°C ／下火 160°C，烘烤 20 分鐘烤至上色。烤盤取出調頭再烤 10 分鐘。溫度調整至上下火 0°C，燜 10 分鐘。

No.50 叉燒酥

製作數量：28 個

作法7

作法8

油皮	
材料	公克
中筋麵粉	300
糖粉（過篩）	60
豬油	125
水	130
油酥	
低筋麵粉（過篩）	300
豬油	130
內餡	
市售蜜汁叉燒肉丁	400
薑片	50
青蔥花	50
洋蔥碎	100
味醂	90
紅麴粉	2
紅麴醬	30
龜甲萬醬油	15
金蘭醬油膏	25
香油	20
水	200
太白粉	15
玉米粉	15
裝飾	
蛋黃液	適量
生黑芝麻	適量

1. 平底鍋加入沙拉油（配方外）熱油，中火爆香薑片，取出薑片。
2. 原鍋留下薑油，加入洋蔥碎炒香，加入所有調味料煮開（配方中的水、太白粉、玉米粉要預先混勻），邊煮邊拌，加入市售蜜汁叉燒肉丁、青蔥花拌勻，餡料盛起放涼。
3. 參考 P.104 完成至油皮鬆弛完畢。
4. 參考 P.105 完成油酥製作。
5. 油皮搓長，分割 20g。油酥搓長，分割 13~15g，都用袋子蓋起避免表面風乾。
6. 參考 P.107 小包酥技法，完成油皮包油酥。用袋子蓋著靜置鬆弛 10 分鐘，再擀開進行包餡。
7. 酥油皮擀開，放入 25g 內餡，直接捏合摺成半月形，用叉子壓出造型，剪刀修剪形狀。
8. 間距相等排入不沾烤盤，刷兩層薄薄的蛋黃液，用叉子戳洞，沾生黑芝麻（戳洞讓麵團透氣，避免酥皮膨脹影響造型）。
9. 送入預熱好的烤箱，以上火 190°C ／下火 160°C，烘烤 20 分鐘烤至上色。烤盤取出調頭再烤 10 分鐘。溫度調整至上下火 0°C，燜 10 分鐘。

No.51 咖哩餃

製作數量：28 個

作法 7

作法 8

油皮	
材料	公克
中筋麵粉	300
糖粉（過篩）	60
豬油	125
水	130

油酥	
低筋麵粉（過篩）	300
豬油	130
咖哩粉	15

內餡	
沙拉油	少量
豬絞肉（中絞）	400
洋蔥碎	180
咖哩塊	30
二砂糖	10
水	適量

裝飾	
蛋黃液	適量
生黑芝麻	適量

1 平底鍋加入沙拉油熱油，中火炒香豬絞肉、洋蔥碎。

2 加入剩餘材料轉中大火煮勻，餡料盛起放涼。

3 參考 P.104 完成至油皮鬆弛完畢。

4 參考 P.105 完成油酥製作。

5 油皮搓長，分割 20g。油酥搓長，分割 15g，都用袋子蓋起避免表面風乾。

6 參考 P.107 小包酥技法，完成油皮包油酥。用袋子蓋著靜置鬆弛 10 分鐘，再擀開進行包餡。

7 酥油皮擀開，放入 25g 內餡，直接捏合摺成半月形，取邊緣麵皮朝上翻摺。

8 間距相等排入不沾烤盤，刷兩層薄薄的蛋黃液，用叉子戳洞，沾生黑芝麻（戳洞讓麵團透氣，避免酥皮膨脹影響造型）。

9 送入預熱好的烤箱，以上火 190°C ／下火 160°C，烘烤 20 分鐘烤至上色。烤盤取出調頭再烤 10 分鐘。溫度調整至上下火 0°C，燜 10 分鐘。

No.52 蛋黃酥

製作數量：40 個

油皮

材料	公克
低筋麵粉（過篩）	250
高筋麵粉	50
糖粉（過篩）	50
無水奶油	125
水	130

油酥

低筋麵粉（過篩）	400
無水奶油	200

內餡

市售鴛鴦豆沙餡	1280
烤熟鹹蛋黃	40

裝飾

蛋黃液	適量
生黑芝麻	適量

1 市售鴛鴦豆沙餡分割 32g，壓開，包入 1 顆烤熟鹹蛋黃（留些許在表面），表面覆蓋袋子避免材料風乾。

★前置須把鹹蛋黃烤過。鹹蛋黃取需要的重量，間距相等放上不沾烤盤，表面噴米酒（或伏特加等高度數酒精），以上火 160°C ／下火 150°C 烘烤 15 分鐘。

★米酒等高濃度酒精，可以去除鹹蛋黃的腥味。

2 參考 P.104 完成至油皮鬆弛完畢。

3 參考 P.105 完成油酥製作。

4 油皮搓長，分割 15g。油酥搓長，分割 15g，都用袋子蓋起避免表面風乾。

5 參考 P.107 小包酥技法，完成油皮包油酥。用袋子蓋著靜置鬆弛 10 分鐘，再擀開進行包餡。

6 參考 P.111 進行包餡，收口朝下，間距相等排入不沾烤盤。

7 刷兩層薄薄的蛋黃液，沾生黑芝麻。

8 送入預熱好的烤箱，以上火 200°C ／下火 180°C，先烤 20 分鐘確認上色狀態，，烤盤取出調頭再烤 20 分鐘。溫度調整至上下火 0°C 燜 5~10 分鐘。

No.53 肉鬆酥餅

製作數量：40 個

油皮

材料	公克
中筋麵粉	300
糖粉（過篩）	50
豬油	120
水	120

油酥

低筋麵粉（過篩）	290
豬油	140

內餡

肉鬆	1000
沙拉油	50
鳳片粉	30

1. 沙拉油、肉鬆拌勻，加入鳳片粉拌勻，分割 30g，壓開，包入 1 顆烤熟鹹蛋黃，搓圓，表面覆蓋袋子避免材料風乾。
2. 參考 P.104 完成至油皮鬆弛完畢。
3. 參考 P.105 完成油酥製作。
4. 油皮搓長，分割 15g。油酥搓長，分割 10g，都用袋子蓋起避免表面風乾。
5. 參考 P.107 小包酥技法，完成油皮包油酥。用袋子蓋著靜置鬆弛 10 分鐘，再擀開進行包餡。
6. 參考 P.111 進行包餡，收口朝下，再擀 7 公分圓餅，間距相等排入不沾烤盤。
7. 適量米酒與紅色色素混勻，沾濕廚房紙巾，印章輕壓紙巾，轉印至餅中心，待印痕乾翻面，有印痕那面貼著烤盤烘烤。
8. 送入預熱好的烤箱，以上火 180°C/ 下火 200°C，烘烤 15 分鐘，時間到觀察上色狀態，有上色的話，疊上一個烤盤，整盤翻面，再烤 10 分鐘。
   ★兩面上色後，新手建議一顆一顆翻面，因為疊烤盤翻面需要一點技巧，做的不好會把餅壓扁。

No.54 月娘太妃酥

製作數量：20 個

油皮	
材料	公克
中筋麵粉	150
糖粉（過篩）	25
無水奶油	60
水	60
油酥	
低筋麵粉（過篩）	200
無水奶油	95
內餡	
市售綠豆餡	400
市售白豆沙餡	200
烤過鹹蛋黃磨細	350
★鹹蛋黃 200g 加入混勻的豆沙餡。剩餘的 150g 再另外包入餡料中心。	
裝飾	
黃豆粉	適量

1 鋼盆加入市售綠豆餡、市售白豆沙餡、200g 烤過鹹蛋黃磨細混勻，分割 35g，中心包剩餘的 150g 磨細的烤過鹹蛋黃分割 20 個。表面覆蓋袋子，避免材料風乾。

★前置須把鹹蛋黃烤過。鹹蛋黃取需要的重量，間距相等放上不沾烤盤，表面噴米酒（或高度數酒精），以上火 160°C／下火 150°C 烘烤 20 分鐘。

★米酒等高濃度酒精，可以去除鹹蛋黃的腥味。

★也可以用攪拌機把內餡混勻，慢速打到材料均勻即可。

2 參考 P.104 完成至油皮鬆弛完畢。

3 參考 P.105 完成油酥製作。

4 油皮搓長，分割 28g。油酥搓長，分割 25g，都用袋子蓋起避免表面風乾。

5 參考 P.108 雙粒酥技法，完成油皮包油酥。用袋子蓋著靜置鬆弛 10 分鐘，再擀開進行包餡。

6 參考 P.111 進行包餡，收口朝下放置，間距相等排入不沾烤盤，篩黃豆粉。

7 送入預熱好的烤箱，以上火 180°C/ 下火 160°C，烘烤 20 分鐘，觀察上色狀態，烤盤取出調頭再烤 10~15 分鐘。

No.55 綠豆椪

製作數量：20 個

油皮

材料	公克
低筋麵粉（過篩）	150
中筋麵粉	150
糖粉（過篩）	30
水	130
豬油	110

油酥

低筋麵粉（過篩）	220
豬油	100

內餡

1. 市售鹹綠豆沙餡	800
2. 五花豬絞肉	250
鄭記香蔥油	50
蝦米	50
油蔥酥	50
五香粉	1
醬油	15
味素	5
白胡椒粒	4
細砂糖	10
鹽	2
熟白芝麻	10
米酒	10

1 平底鍋加入鄭記香蔥油、五花豬絞肉中火煸炒到豬肉收乾（水分完全收乾），加入蝦米爆香，加入剩餘食材翻炒均勻（此為滷肉餡）。

2 市售鹹綠豆沙餡分割 40g，壓開，包入 15g 滷肉餡。表面覆蓋袋子，避免材料風乾。

3 參考 P.104 完成至油皮鬆弛完畢。

4 參考 P.105 完成油酥製作。

5 油皮搓長，分割 30g。油酥搓長，分割 15g，都用袋子蓋起避免表面風乾。

6 參考 P.107 小包酥技法，完成油皮包油酥。用袋子蓋著靜置鬆弛 10 分鐘，再擀開進行包餡。

7 參考 P.111 進行包餡，收口朝下放置，間距相等排入不沾烤盤。

8 適量米酒與紅色色素混勻，沾濕廚房紙巾，印章輕壓紙巾，轉印至餅中心。

9 送入預熱好的烤箱，以上火 180°C/ 下火 160°C，烘烤 20 分鐘，觀察上色狀態。溫度調整至上下火 160°C，烤盤取出調頭再烤 20 分鐘。

No.56 太陽餅

製作數量：20 個

油皮

材料	公克
中筋麵粉	300
糖粉（過篩）	50
無水奶油	120
水	130

油酥

低筋麵粉（過篩）	220
無水奶油	100

內餡

無水奶油	35
糖粉（過篩）	10
85% 水貽麥芽糖	90
蛋白	30
低筋麵粉（過篩）	175

1. 無水奶油與糖粉拌勻，加入 85% 水貽麥芽糖、蛋白拌勻，加入過篩低筋麵粉拌勻，分割 15g。表面覆蓋袋子，避免材料風乾。
2. 參考 P.104 完成至油皮鬆弛完畢。
3. 參考 P.105 完成油酥製作。
4. 油皮搓長，分割 30g。油酥搓長，分割 15g，都用袋子蓋起避免表面風乾。
5. 參考 P.107 小包酥技法，完成油皮包油酥。用袋子蓋著靜置鬆弛 10 分鐘，再擀開進行包餡。
6. 參考 P.111 進行包餡。參考造型 1~3（下圖）進行整形。
7. 送入預熱好的烤箱，以上火 180°C/ 下火 160°C，烘烤 20 分鐘，觀察上色狀態。溫度調整至上下火 160°C，烤盤取出調頭再烤 10 分鐘。

造型 1

包餡收口成圓形，收口朝上烘烤。

造型 2

包餡收口成圓形，收口朝下，表面刷兩層全蛋液進行烘烤。

造型 3

包餡收口成圓形，收口朝下烘烤。

太陽餅因為區域不同，造型也不同，每個地區會發展出該地區接受度最高的造型。

No.57 蘇式椒鹽酥

作法 6

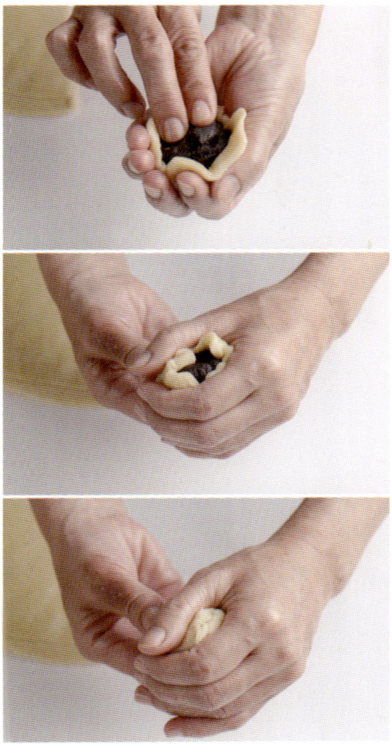

作法 7

油皮

材料	公克
中筋麵粉	100
糖粉（過篩）	10
豬油	42
水	44

油酥

低筋麵粉（過篩）	130
豬油	60

內餡

熟麵粉	160
糖粉（過篩）	100
黑芝麻粉	120
桔餅	10
鹽	2
核桃	20
花椒粉	2
豬油	100
花椒油	20

裝飾

水	適量
生黑芝麻	適量

製作數量：12 個

1. 內餡材料全部一同拌勻，分割 45g。表面覆蓋袋子，避免材料風乾。
2. 參考 P.104 完成至油皮鬆弛完畢。
3. 參考 P.105 完成油酥製作。
4. 油皮搓長，分割 15g。油酥搓長，分割 15g，都用袋子蓋起避免表面風乾。
5. 參考 P.107 小包酥技法，完成油皮包油酥。用袋子蓋著靜置鬆弛 10 分鐘，再擀開進行包餡。
6. 參考 P.111 進行包餡，正面刷水，沾生黑芝麻，壓成 9 公分圓餅，間距相等排入不沾烤盤（沾黑芝麻面貼住烤盤）。
7. 送入預熱好的烤箱，以上火 170°C/ 下火 190°C，烘烤 20 分鐘之後翻面再烤 10~15 分鐘。觀察上色狀態，烤盤取出調頭再烤 5~10 分鐘。

No.58 龍鳳酥餅

作法6

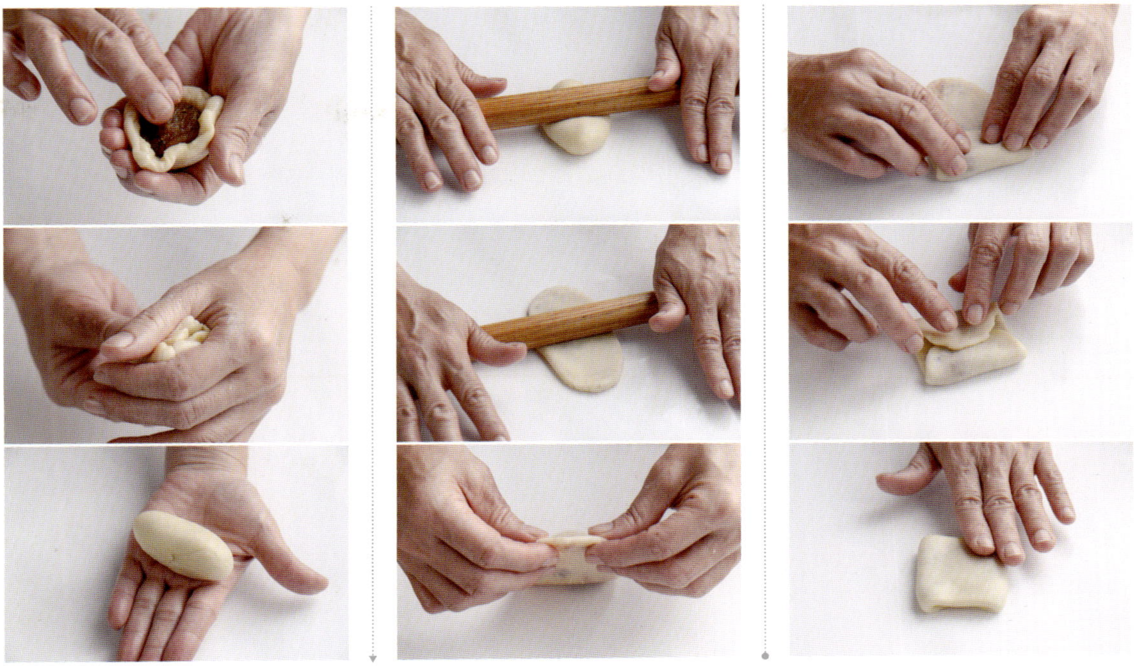

油皮

材料	公克
中筋麵粉	100
糖粉（過篩）	10
豬油	42
水	44

油酥

低筋麵粉（過篩）	130
豬油	60

內餡

市售鳳梨餡	230
龍眼乾	50
蘭姆酒	20
無水奶油	15

裝飾

水	適量
生黑芝麻	適量
生白芝麻	適量

製作數量：12 個

1 內餡材料全部一同拌勻，分割 45g。表面覆蓋袋子，避免材料風乾。

2 參考 P.104 完成至油皮鬆弛完畢。

3 參考 P.105 完成油酥製作。

4 油皮搓長，分割 15g。油酥搓長，分割 15g，都用袋子蓋起避免表面風乾。

5 參考 P.107 小包酥技法，完成油皮包油酥。用袋子蓋著靜置鬆弛 10 分鐘，再擀開進行包餡。

6 參考 P.111 進行包餡，整形成橢圓形，擀開成橢圓片，翻面三摺一，擀寬 6、長 8 公分。正面刷水，沾生黑芝麻，壓成 9 公分圓餅，間距相等排入不沾烤盤（沾黑芝麻面貼住烤盤）。

7 送入預熱好的烤箱，以上火 170°C/ 下火 190°C，烘烤 20 分鐘翻面。觀察上色狀態，再烤 10~15 分鐘。

No.59 金棗豆沙酥

製作數量：14 個

油皮	
材料	公克
中筋麵粉	100
糖粉（過篩）	15
豬油	40
水	45

油酥	
低筋麵粉（過篩）	130
豬油	60

內餡	
切碎金棗	40
市售綠豆沙餡	150
市售白豆沙餡	300
栗子	14 顆

裝飾	
蛋黃液	適量
生白芝麻	適量

1 切碎金棗、市售綠豆沙餡、市售白豆沙餡一同拌勻，分割 35g，包入栗子 1 顆。表面覆蓋袋子，避免材料風乾。

2 參考 P.104 完成至油皮鬆弛完畢。

3 參考 P.105 完成油酥製作。

4 油皮搓長，分割 28g。油酥搓長，分割 25g，都用袋子蓋起避免表面風乾。

5 參考 P.108 雙粒酥技法，完成油皮包油酥。用袋子蓋著靜置鬆弛 10 分鐘，再擀開進行包餡。

6 參考 P.111 進行包餡，刷蛋黃液，沾生白芝麻，間距相等排入不沾烤盤。

7 送入預熱好的烤箱，以上火 200°C ／下火 180°C，先烤 20 分鐘確認上色狀態，烤盤取出調頭再烤 20 分鐘。溫度調整至上下火 0°C 燜 5~10 分鐘。

自製綠豆沙餡

材料	公克
綠豆仁	600
細砂糖	400
85% 水貽麥芽糖	150

冷藏：7 天
冷凍：30 天

作法

1 綠豆仁浸泡乾淨一般水 3 小時，瀝乾水分。

2 電鍋內鍋加入綠豆仁、乾淨的水。

★一台斤豆子（600g）配兩斤乾淨飲用水（兩斤為 1200g），以此類推。

3 電鍋外鍋加入兩杯水，煮到電鍋跳起 1 次，把綠豆仁蒸熟。

★如果未熟，外鍋再加一杯水續煮熟。內鍋的水量要蓋過豆子（水量若不足要再加）。

4 瀝乾內鍋的水，取出煮好的綠豆仁。

5 平底鍋加入綠豆仁、細砂糖、85% 水貽麥芽糖，中火拌勻炒製，煮至沸騰（煮的期間要不時攪拌），炒到水分收乾、變濃稠，調整軟硬度。

6 把一個袋子剪開，包住內餡，再用袋子裝起。

★使用時把貼住內餡的袋子稍微撕開，秤需要的量即可。

7 製作再使用奶油調整軟硬度即可。奶油用量大約 3~5% 視狀況而定。

No.60 肉麻酥

製作數量：20 個

油皮	
材料	公克
中筋麵粉	150
糖粉（過篩）	25
無水奶油	60
水	65

油酥	
低筋麵粉（過篩）	190
無水奶油	90

內餡	
市售白豆沙餡	200
市售鴛鴦豆沙餡	200
辣味牛肉乾（剪碎）	400

1 內餡材料一同拌勻，分割 40g。表面覆蓋袋子，避免材料風乾。

2 參考 P.104 完成至油皮鬆弛完畢。

3 參考 P.105 完成油酥製作。

4 油皮搓長，分割 28g。油酥搓長，分割 25g，都用袋子蓋起避免表面風乾。

5 參考 P.108 雙粒酥技法，完成油皮包油酥。用袋子蓋著靜置鬆弛 10 分鐘，再擀開進行包餡。

6 參考 P.111 進行包餡，收口朝下，間距相等排入不沾烤盤。

7 適量米酒與紅色色素混勻，沾濕廚房紙巾，印章輕壓紙巾，轉印至餅中心。

8 送入預熱好的烤箱，以上火 180°C/ 下火 160°C，烘烤 20 分鐘，觀察上色狀態。溫度調整至上下火 160°C，烤盤取出調頭再烤 15~20 分鐘。

自製白豆沙餡

材料	公克
白鳳豆	600
細砂糖	350
85% 水飴麥芽糖	120

冷藏：7 天
冷凍：30 天

作法

1 白鳳豆浸泡乾淨一般水 3 小時，瀝乾水分。

2 電鍋內鍋加入白鳳豆、乾淨的水。

★一台斤豆子（600g）配兩斤乾淨飲用水（兩斤為 1200g），以此類推。

3 電鍋外鍋加入兩杯水，煮到電鍋跳起 1 次，把白鳳豆蒸熟。

★如果未熟，外鍋再加一杯水續煮熟。內鍋的水量要蓋過豆子（水量若不足要再加）。

4 瀝乾內鍋的水，取出煮好的白鳳豆。

5 平底鍋加入白鳳豆、細砂糖、85% 水飴麥芽糖，中火拌勻炒製，煮至沸騰（煮的期間要不時攪拌），炒到水分收乾、變濃稠，調整軟硬度。

6 把一個袋子剪開，包住內餡，再用袋子裝起。

★使用時把貼住內餡的袋子稍微撕開，秤需要的量即可。

No.61 胡椒餅

麵團

材料	公克
中筋麵粉	350
乾酵母粉	5
水	180
豬油	20
糖粉	20

油酥

低筋麵粉（過篩）	220
豬油	110

內餡

梅花肉（剁粒）	400
鹽	4
二砂糖	12
味素	3
細黑胡椒	3
粗黑胡椒	3
五香粉	1
細辣椒粉	2
白胡椒粉	5
花椒粉	1
薑末	20
金蘭甘醇醬油膏	50
醬油	10
香油	10
米酒	10
冰水	適量
太白粉	5
青蔥花	200

裝飾

水	適量
生白芝麻	適量
生黑芝麻	適量

作法7

製作數量：16 個

1 內餡材料一同拌勻（除了青蔥花）。表面覆蓋袋子，避免材料風乾。

2 攪拌缸加入麵團材料，先慢速打至材料成團、粉類不噴濺

3 轉中速攪打至麵團三光（表面光滑、缸內光滑、手光滑）。，放上桌面，用袋子蓋起，靜置發酵 30 分鐘。

4 參考 P.105 完成油酥製作。

5 麵皮分割 35g。油酥搓長，分割 20g，都用袋子蓋起避免表面風乾。

6 參考 P.107 小包酥技法，完成油皮包油酥。不用靜置鬆弛，直接擀開進行包餡（因為有加酵母，如果靜置會發酵）。

7 麵團擀開放入內餡 35g、青蔥花 10~15g。一手托著麵皮，另一手將麵皮摺起，收摺成圓形。

8 表面刷水，沾生白芝麻、生黑芝麻，間距相等排入不沾烤盤（表面朝上）。

9 送入預熱好的烤箱，以上火 250°C/ 下火 220°C，烘烤 20 分鐘。

No.62 宜蘭烤燒餅

作法5

作法6

作法7

麵團

材料	公克
中筋麵粉	250
乾酵母粉	2
水	130
豬油	15
糖粉	15

油酥

鹽	2
五香粉	1
白胡椒粉	2
花椒粉	1
豬油	50
低筋麵粉（過篩）	40

鹹內餡

低筋麵粉（過篩）	160
豬油	70
油蔥酥	15
乾燥蔥	3
鹽	4
白胡椒粉	2
雞粉	5
熟白芝麻	10

製作數量：14 個

1 鹹內餡材料一同拌勻。表面覆蓋袋子，避免材料風乾。

2 攪拌缸加入麵團材料，先慢速打至材料成團、粉類不噴濺

3 轉中速攪打至麵團三光（表面光滑、缸內光滑、手光滑）。放上桌面，用袋子蓋起，靜置發酵 30 分鐘。

4 參考 P.105 完成油酥製作。

5 桌面撒適量中筋麵粉防止沾黏，麵團擀開 30x30 公分，取大約 80g 油酥抹上麵皮，捲起，分割 35g。

6 頭尾捏緊，捏緊面為「擀開包餡面」。再次擀開麵團，放入鹹內餡 12g 擀捲一次。

7 再次擀成直徑 10 公分薄片，間距相等排入不沾烤盤，表面戳洞。

★表面可以抹水撒上芝麻增加風味。

8 送入預熱好的烤箱，以上火 180°C/ 下火 160°C，烘烤 10 分鐘，觀察上色狀態，烤盤取出調頭再烤 10 分鐘。

No.63 芝麻囍餅

油皮

材料	公克
中筋麵粉	150
糖粉	15
豬油	50
水	70

油酥

低筋麵粉	90
無水奶油	40

鹹內餡

豬板油（切丁）	200
細砂糖	70
奶水	35
低筋麵粉（過篩）	150
奶粉（過篩）	40
冬瓜丁	120
桔餅	20
熟白芝麻	15
鹽	2
熟核桃碎	20
木瓜絲	30
南瓜籽	30
葡萄乾	60
85% 水飴麥芽糖	40
烤熟鴨蛋黃	60
肉脯	80

裝飾

水	適量
生白芝麻	適量

作法6

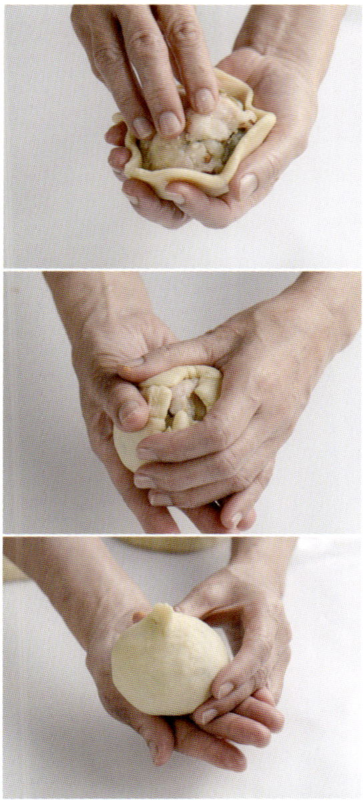

作法7

作法8

製作數量：5 個

1 內餡材料一同拌勻，分割 150g。表面覆蓋袋子，避免材料風乾。

★前置須把鴨蛋黃烤過。鴨蛋黃取需要的重量，間距相等放上不沾烤盤，表面噴米酒（或高度數酒精），以上火 160°C ／下火 150°C 烘烤 20 分鐘。

★米酒等高濃度酒精，可以去除鴨蛋黃的腥味。

2 參考 P.104 完成至油皮鬆弛完畢。

3 參考 P.105 完成油酥製作。

4 參考 P.106 大包酥技法，完成油皮包油酥（分切 5 個，酥油皮一片約 80g）。用袋子蓋著靜置鬆弛 10 分鐘，再擀開進行包餡。

5 參考 P.111 進行包餡。輕輕壓開，再擀直徑 12 公分圓餅狀。

6 表面刷水，沾生白芝麻，用叉子戳洞。

7 間距相等排入不沾烤盤（沾芝麻面貼住烤盤）。適量米酒與紅色色素混勻，沾濕廚房紙巾，印章輕壓紙巾，轉印至餅中心。

8 送入預熱好的烤箱，以上火 180°C ／下火 200°C，先烤 20 分鐘確認上色狀態，翻面再烤 20 分鐘。溫度調整至上下火 0°C 燜 5~10 分鐘。

No.64 竹塹餅

古早味大家最常見是用冬瓜糖製作竹塹餅，改良後使用「奇異果乾」，有別於傳統風味，嘗試新的創意食材，變化不同的中式點心。

※ 產品屬於糕漿皮類範圍，請見 P.196 之解說。

作法 3

作法 4

糕皮

材料	公克
低筋麵粉（過篩）	120
85% 水飴麥芽糖	90
全蛋液	20
無水奶油	30

內餡

材料	公克
豬板油（切丁）	200
細砂糖	25
奇異果乾	200
油蔥酥	40
熟白芝麻	20
甘草粉	1
黑胡椒粉	1
鳳片粉	10
85% 水飴麥芽糖	90
低筋麵粉（過篩）	100
木瓜絲	20

裝飾

材料	公克
蛋黃液	適量

製作數量：13 個

1 糕皮材料全部一同拌勻，表面用袋子蓋著，靜置鬆弛 20 分鐘，分割 20g。

2 豬板油（切丁）、細砂糖一同拌勻，靜置 30 分鐘，再加入剩餘材料拌勻，分割 50g。

3 糕皮擀成圓片，包入內餡，收口成圓形。

4 輕輕拍開，擀約直徑 8 公分圓餅，間距相等排上不沾烤盤，刷蛋黃液。

5 送入預熱好的烤箱，以上 230°C/ 下火 190°C，烘烤 20~30 分鐘。

No.65 3Q 鴛鴦餅

作法6

作法7

油皮	
材料	公克
中筋麵粉	300
糖粉（過篩）	50
無水奶油	120
水	130
油酥	
低筋麵粉（過篩）	340
無水奶油	150
內餡	
市售鴛鴦豆沙餡	720
市售麻糬	200
烤熟鹹蛋黃	13 顆
裝飾	
水	適量
生黑芝麻	適量
生白芝麻	適量

製作數量：24 個

1　市售鴛鴦豆沙餡分割 30g，壓開，包入麻糬 8g、烤熟鹹蛋黃 5g。

2　參考 P.104 完成至油皮鬆弛完畢。

3　參考 P.105 完成油酥製作。

4　油皮搓長，分割 25g。油酥搓長，分割 20g，都用袋子蓋起避免表面風乾。

5　參考 P.107 小包酥技法，完成油皮包油酥。用袋子蓋著靜置鬆弛 10 分鐘，再擀開進行包餡。

6　參考 P.111 進行包餡，收口朝下放置。

7　表面刷水，沾生黑芝麻、生白芝麻，壓約直徑 8 公分圓餅，用叉子戳洞，間距相等排入不沾烤盤（沾芝麻面貼住烤盤）。

8　送入預熱好的烤箱，以上火 180°C/ 下火 200°C，烘烤 20 分鐘。翻面再烤 20 分鐘。

No.66 3Q 抹茶酥

製作數量：24 個

油皮

材料	公克
中筋麵粉	300
糖粉（過篩）	50
無水奶油	120
水	130

油酥

低筋麵粉（過篩）	340
無水奶油	150

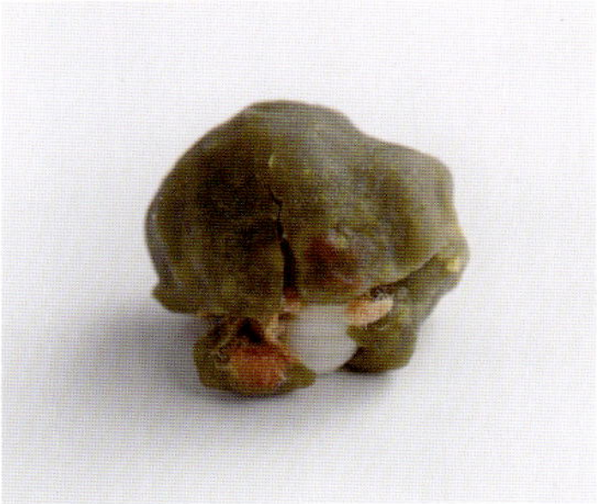

內餡

市售抹茶豆沙餡	720
市售麻糬	200
烤熟鹹蛋黃	13 顆
肉脯	170

裝飾

水	適量
生杏仁角（泡水）	適量
生黑芝麻	適量

1 市售抹茶豆沙餡分割 30g，壓開，包入麻糬 8g、烤熟鹹蛋黃 5g、肉脯 7g。

★前置須把鹹蛋黃烤過。鹹蛋黃取需要的重量，間距相等放上不沾烤盤，表面噴米酒（或高度數酒精），以上火 160°C／下火 150°C 烘烤 20 分鐘。

★米酒等高濃度酒精，可以去除鹹蛋黃的腥味。

2 參考 P.104 完成至油皮鬆弛完畢。

3 參考 P.105 完成油酥製作。

4 油皮搓長，分割 25g。油酥搓長，分割 20g，都用袋子蓋起避免表面風乾。

5 參考 P.107 小包酥技法，完成油皮包油酥。用袋子蓋著靜置鬆弛 10 分鐘，再擀開進行包餡。

6 參考 P.111 進行包餡，收口朝下放置。

7 表面刷水，沾生杏仁角，壓約直徑 8 公分圓餅，用叉子戳洞。

★裝飾杏仁角前，要把杏仁角泡水，不泡水的話杏仁角會很容易烤焦。

8 間距相等排入不沾烤盤（沾芝麻面貼住烤盤）。

9 送入預熱好的烤箱，以上火 180°C/ 下火 200°C，烘烤 20 分鐘。翻面再烤 20 分鐘。

No.67 3Q 芋頭酥

製作數量：24 個

油皮

材料	公克
中筋麵粉	300
糖粉（過篩）	50
無水奶油	120
水	130

油酥

低筋麵粉（過篩）	340
無水奶油	150

內餡

市售芋頭餡	720
市售麻糬	200
烤熟鹹蛋黃	13 顆
肉脯	170

裝飾

水	適量
生杏仁角（泡水）	適量
生黑芝麻	適量

1 市售芋頭餡分割 30g，壓開，包入麻糬 8g、烤熟鹹蛋黃 5g、肉脯 7g。

★前置須把鹹蛋黃烤過。鹹蛋黃取需要的重量，間距相等放上不沾烤盤，表面噴米酒（或高度數酒精），以上火 160°C／下火 150°C 烘烤 20 分鐘。

★米酒等高濃度酒精，可以去除鹹蛋黃的腥味。

2 參考 P.104 完成至油皮鬆弛完畢。

3 參考 P.105 完成油酥製作。

4 油皮搓長，分割 25g。油酥搓長，分割 20g，都用袋子蓋起避免表面風乾。

5 參考 P.107 小包酥技法，完成油皮包油酥。用袋子蓋著靜置鬆弛 10 分鐘，再擀開進行包餡。

6 參考 P.111 進行包餡，收口朝下放置。

7 表面刷水，沾生杏仁角，壓約直徑 8 公分圓餅，用叉子戳洞。

★裝飾杏仁角前，要把杏仁角泡水，不泡水的話杏仁角會很容易烤焦。

8 間距相等排入不沾烤盤（沾芝麻面貼住烤盤）。

9 送入預熱好的烤箱，以上火 180°C/ 下火 200°C，烘烤 20 分鐘。翻面再烤 20 分鐘。

No.68 桃酥

※ 產品屬於糕漿皮類範圍，請見 P.196 之解說。

製作數量：14 個

油皮

材料	公克
香蔥豬油	20
豬油	130
糖粉（過篩）	70
細砂糖	80
鹽	2
全蛋液	25
碳酸氫銨	1.5
小蘇打粉	2.5
低筋麵粉（過篩）	300
泡打粉	2
碎核桃	40

1 攪拌缸加入所有材料，先慢速打至材料成團、粉類不噴濺，轉中速攪打至成團。

2 麵團每個分割 45g，搓圓。

3 間距相等排入不沾烤盤，擀麵棍在中心壓一個凹槽。

4 送入預熱好的烤箱，以上火 180°C/ 下火 200°C，烘烤 20 分鐘。

Part 3

發酵麵食&發粉麵食

加碼收錄！所謂的「糕漿皮類」

Topic 所謂的「發酵麵食」

用最簡單的話來說，發酵麵食的核心就是讓產品「發酵」，有加入「酵母／酵種」的麵團，就是發酵麵食。配方的基本架構由麵粉、水（液態）、酵母或酵種組合而成。此處的酵母指的是市售的商業酵母，比如新鮮酵母、乾酵母、速發酵母粉等；酵種指的是自製的酵種，比如有老麵、各式天然酵種等。

發酵麵食的核心就是
產品具備「發酵」特徵
配方特徵有：

麵粉

水
（液態）

酵母
（或酵種）

最基本定有上面三個材料，由這些材料延伸各式變化。

麵粉影響產品口感，高筋麵粉蛋白質含量最高，產品有彈性、有嚼勁；中筋口感介於高筋與低筋之間，是發酵麵食的主力，大部分的配方都是使用中筋。

水就是液態，液態絕對是配方中不可或缺的一部分，麵粉需要與液態結合，才會產生麵筋，可以把水想像成連接的「紐帶」，如果沒有液態，單純只把乾性材料放在一起，它們不僅不會有任何變化，甚至材料之間還會互相影響（比如將鹽、酵母一起放置，鹽會抑制酵母）。大部分發酵麵食的液態會是麵粉的一半，比如 100g 的麵粉，對上 50g 的水，配方水多則麵團與成品就越軟（組織結構柔軟）；反之麵團與成品則越硬（組織結構扎實、有嚼勁且 Q 彈）。水量不只影響麵團軟硬度，也影響組織與發酵時間。水分越多麵團發酵越快；水分越少，組織越紮實，發酵也越慢。

學習做發酵麵食，很重要的重點是學會看配方，用麵粉 2：液態 1 為基準去觀察，妳就可以大概推測這個配方的麵團狀態（注意不同品牌的麵粉吸水性會有差異，冬天與夏天也會對麵粉吸水性產生影響）。本書我會將水替換成鮮奶，運用鮮奶製作的饅頭成品質地會更細膩，口感更加香甜，具備奶香。

★水溫與水量可以調節發酵速度，使操作順暢，穩定產品品質。冬季較冷，麵團需比夏天軟些發酵速度才會快；反之夏季很熱，麵團本身便比冬天發酵速度快，可將水分減少，或者改以冰水製作，緩和發酵速度。

酵母在一定的環境中進行發酵，透過發酵過程吸收醣分等各種營養物質，酵母菌會生長與繁殖，產生大量的二氧化碳（氣體），使麵團膨脹。對內，內部組織氣孔的大小決定口感扎實與柔軟度；對外，麵團經發酵膨脹，直接影響產品體積。

★最廣泛應用的商業酵母大致有兩種，分別為新鮮酵母 Fresh Yeast（塊狀）、速溶酵母 Instant Yeast（粉粒狀）。以麵粉 100% 來說，速溶酵母粉使用量為 1%，冬季使用量可增加到 1.5~2%，搭配溫水預先拌勻，令酵母產生活性（此為水解手法）。以麵粉 100% 來說，新鮮酵母使用量為 3%，夏季使用量可減少至 2%。夏天因氣溫很高，水分也可改用冰水，機器攪拌產量多，也可以搭配碎冰塊防止溫度上升，攪拌過程轉速越快，溫度上升越快，夏天要克服麵團溫度上升問題，維持一定的溫度才有好的品質。

麵團的發酵四步驟檢測

當整形全部完成時，取透明容器裝水（建議使用透明量杯），確認水量足夠淹過麵團且尚有餘裕，放入搓圓的耗損麵團，將「整形完畢的成品」與「耗損麵團」置於相同環境一起發酵，相同環境才可準確判斷發酵是否同步，麵團發酵時內部會產生二氧化碳，產氣越多，麵團越輕，根據四個步驟的不同，麵團會漸漸浮上水面。

第一步驟	第二步驟	第三步驟	第四步驟
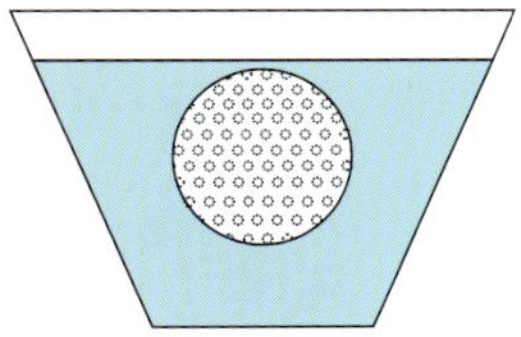 沉入水中	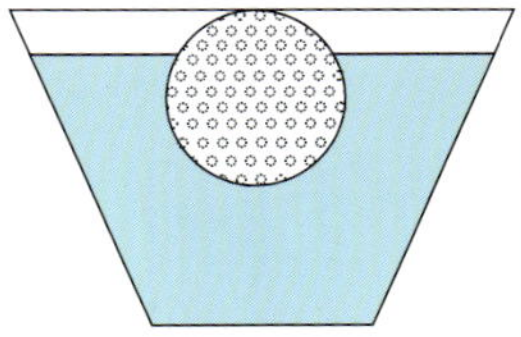 浮起 1/4	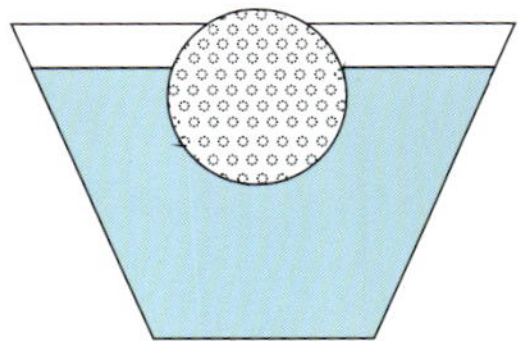 浮起 1/3	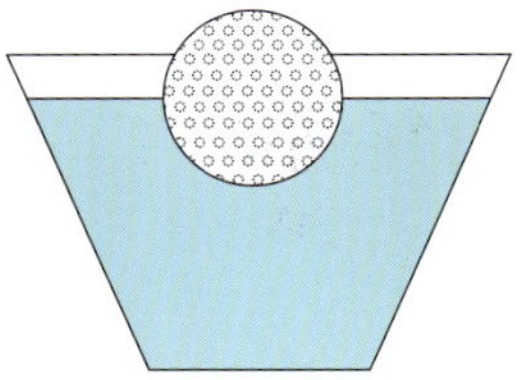 浮起 1/2
取耗損的多餘麵團約 30g 搓成球形置入盛水透明容器中，與整形麵團放入相同的發酵環境。	浮起 1/4，表示麵團發酵產氣中，時間約 12 分鐘，準備蒸籠燒水。	浮起 1/3，時間約 20 分鐘，表示即將可以準備蒸製。	浮起 1/2，時間約 25 ~ 35 分鐘，表示已發酵完成可以熟製。

↑ 內容取自《樂作包子饅頭趣》P.13。延續《職人手作中式發麵》、《樂作包子饅頭趣》二書的發酵麵食精神，發酵麵食在本書雖非主軸，但秉持著對發麵的熱愛、偏愛、狂愛以及寵愛。我還是決定將麵團水球測試法收錄此方法在書中。

發酵麵食該挑選什麼呢？經過思量，我決定收錄教學多年非常熱門課程的「鮮奶烤饅頭」。這門課程場場爆滿，教學幾年後，出於想帶給同學更多不同產品的風味與特色，再次推出烤饅頭第二集。但烤饅頭始終在我心中佔有一席之地，便趁此再次出書，與大家分享。

烤饅頭的製作

最外層烤到微微酥脆的麵皮、內部綿密細軟，組織帶著嚼勁與Q彈、底部酥酥脆脆，糖底卡滋卡滋的，多樣的口味變化，烤饅頭是一款具有多層次口感變化的商品，大人小孩都喜歡。

這次使用不同麵粉筋性操作。山茶花麵粉屬於高筋麵粉，製作的產品口感組織細緻Q彈，也可以用蛋白質12%的中筋麵粉製作。麵團軟硬度可以隨個人喜好調整（調整水量多寡）。

烤饅頭的製作流程

● 攪拌→分割→滾圓→整形→發酵→烘烤

烤饅頭材料

材料	百分比	公克
山茶花麵粉	100	300
細砂糖	16	48
鹽	約 0.6	2
新鮮酵母	3	9
發酵奶油	12	36
雞蛋	12	36
全脂鮮奶	35	105

基本裝飾

材料	公克
臺糖特砂糖	50
全蛋液	50
無水奶油	70

★烤饅頭會沾砂糖發酵，如果使用細砂糖，發酵時溫度濕度太高，砂糖會融化的很快。一定要使用「特級砂糖」，特級砂糖是更粗粒的，放入發酵箱融化的會比較慢。不用二砂糖主要的原因是，因為二砂顏色比較深，烘烤的話容易上色過深，也容易焦掉。

1　攪拌缸加入所有乾性材料，材料需分區放置。

2　加入發酵奶油、雞蛋、全脂鮮奶。

3　慢速攪拌至材料大致均勻，粉類不會噴濺。

4　轉中速攪拌至成團，麵皮均勻光滑細緻，麵團終溫約 26~28°C。

烤饅頭的分割→滾圓→整形

5　攪拌好直接放上桌面，分割 70g。

6　手成爪狀扣住麵團畫圓，麵團的底部會永遠在底部，透過畫圓動作，將表面收緊，收整成平滑的圓形。

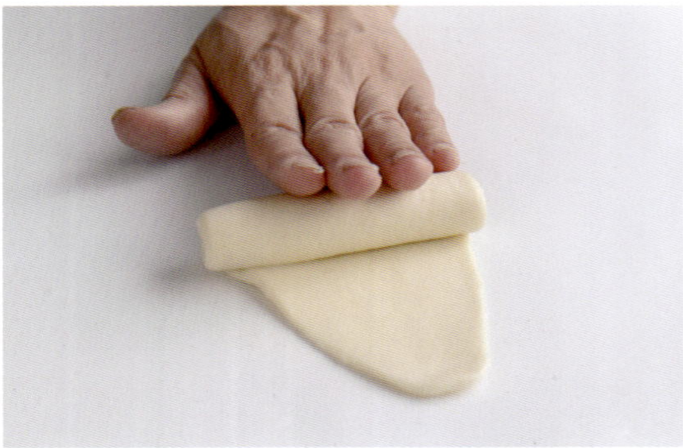

7　以擀麵棍擀長 20 公分，四指前推，捲起。

8　收口處朝上。

9　以擀麵棍再次擀長，擀 35~40 公分。

★若要增加口味變化，可以在擀開後擠上或鋪上餡料。

10　雙手將麵皮收捲回來。

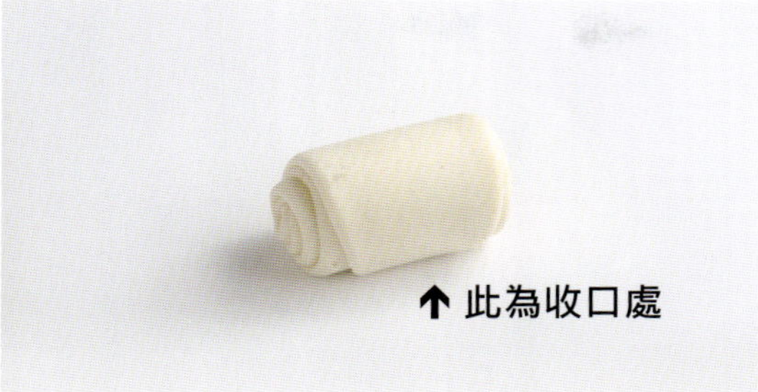

11 收口處的麵皮在擀開時可以擀稍微薄一點，此時就可以完美的貼附麵團，收摺在底部。

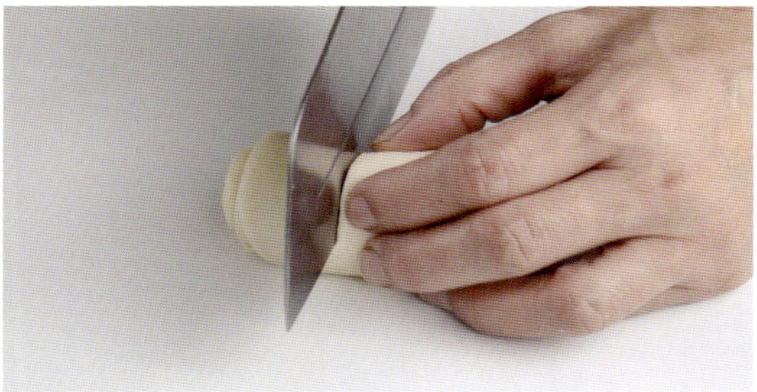

12 從中切開，切成 2 等份麵團。

13 將刀切面翻正，如上圖。

14 底部沾臺糖特砂糖。

烤饅頭的發酵

15 間距相等排入不沾烤盤（沾糖面朝下），最後發酵 50~60 分鐘（溫度 35°C／濕度 40%）
可以參考 P.179「麵團的發酵四步驟檢測」，判斷麵團發酵狀態。
當麵團呈現第二步驟與第三步驟時，便可烘烤。

烤饅頭的烘烤

16 最後發酵完畢的麵團（白麵團）刷上全蛋液兩次（有顏色麵團刷蛋白一次）再進行裝飾，裝飾表面是為了區分口味。烤箱預熱完成直接進行烘烤。溫度設定上火 220°C／下火 210°C，第一段烘烤 6~7 分鐘，先烤至上色。

17 取出烤盤，每一個表面再擠 4g 無水奶油。第二段烘烤 3~4 分鐘，檢查是否熟成，底部是否有上色金黃，若沒有再烤 1~2 分鐘。最後將烤盤上多餘的油脂刷上烤饅頭表面，增加饅頭亮度與香氣。

烤饅頭的口味變化一覽

P.185 原味鮮奶烤饅頭

P.186 抹茶紅豆烤饅頭

P.187 耐高溫巧克力烤饅頭

P.188 花生烤饅頭

P.189 芝麻烤饅頭

P.190 香橙奶酥烤饅頭

P.191 葡萄奶酥烤饅頭

P.192 香蒜烤饅頭

P.193 肉桂烤饅頭

P.194 肉鬆烤饅頭

P.195 起司烤饅頭

Tips

P. 190~191 奶酥餡可以搭配多種果乾，比如蔓越莓、龍眼乾、鳳梨乾、芒果乾、草莓乾，果乾類都建議與蘭姆酒浸泡，比例可參考 P. 191。

No.69 原味鮮奶烤饅頭

示範影片

烤饅頭材料

參考 P.181 備妥。

★烘烤後的成品室溫保存 3 天，冷凍 15 天。

★冷凍可以再以上下火 200°C，回烤 3~5 分鐘。或者用微波爐微波 30 秒即可。

原味的烤饅頭是一切的基礎，確實掌握原味烤饅頭的製作流程與各項要點，就可以演繹無限的變化。除了本書收錄的口味之外，可以從麵皮著手變化口味，如紅茶、煎茶口味。或者是從餡料著手調整，期待大家做出更多不同風味創意的烤饅頭，將烤饅頭真正融會貫通，變化出屬於自己獨家風味的家庭點心，也可以將它作為販售的主力商品。

作法

1 參考 P.181 完成至攪拌完畢。

2 參考 P.182~183 完成至分割→整形完畢。

3 參考 P.183 完成發酵→烘烤。

No.70 抹茶紅豆烤饅頭

烤饅頭材料

材料	百分比	公克
山茶花麵粉	100	300
細砂糖	16	48
鹽	0.6	2
新鮮酵母	3	9
抹茶粉	3	9
雞蛋	12	36
發酵奶油	12	36
全脂鮮奶	40	120

基本裝飾

臺糖特砂糖		50
蛋白		50
無水奶油		70

作法2

1 參考 P.181 完成至攪拌完畢。

2 參考 P.182~183 完成至分割→整形完畢。

★ P. 182 作法 9 擀開後鋪上蜜紅豆粒。

3 參考 P.183 完成發酵→烘烤。

4 抹茶麵團發酵完成表面刷蛋白一次，因為抹茶是有顏色的麵團，如果刷全蛋液會不好判斷上色，容易烤到焦黑。

No.71 耐高溫巧克力烤饅頭

烤饅頭材料

材料	百分比	公克
山茶花麵粉	100	300
細砂糖	16	48
鹽	0.6	2
新鮮酵母	3	9
巧克力粉	5	15
雞蛋	10	30
發酵奶油	10	30
全脂鮮奶	40	120

基本裝飾

臺糖特砂糖		50
蛋白		50
無水奶油		70

作法2

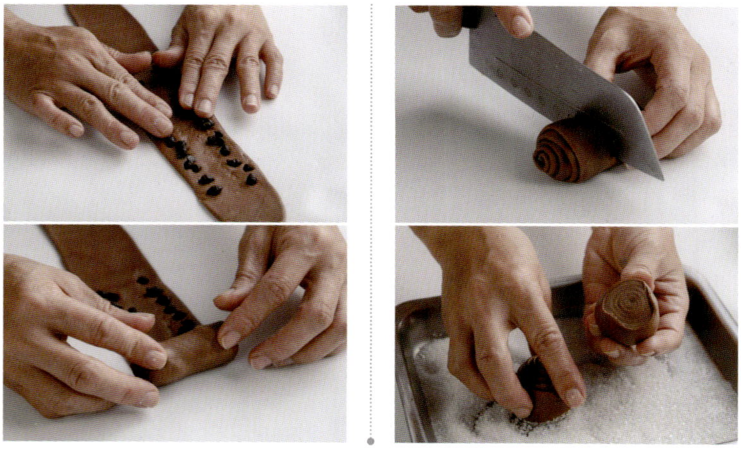

1 參考 P.181 完成至攪拌完畢。

2 參考 P.182~183 完成至分割→整形完畢。

★ P. 182 作法 9 擀開後鋪上巧克力豆。

3 參考 P.183 完成發酵→烘烤。

4 巧克力麵團表面刷蛋白一次，巧克是深色麵團，如果再刷上全蛋液會不好判斷上色，容易烤到焦黑。

No.72 花生烤饅頭

烤饅頭材料	
材料	公克
參考 P.181 備妥。	
鋪料	
花生醬	150g
基本裝飾	
生白芝麻	適量

作法2

1 參考 P.181 完成至攪拌完畢。

2 參考 P.182~183 完成至分割→整形完畢。

★ P. 182 作法 9 擀開後抹上適量花生醬。

3 頂端點綴適量生白芝麻。

4 參考 P.183 完成發酵→烘烤。

No.73 芝麻烤饅頭

烤饅頭材料

材料	公克
參考 P.181 備妥。	

鋪料

芝麻醬	150g

基本裝飾

生黑芝麻	適量

作法2

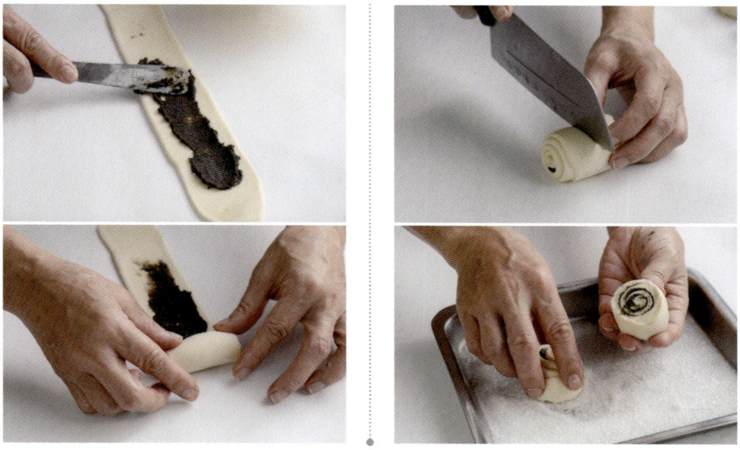

1 參考 P.181 完成至攪拌完畢。

2 參考 P.182~183 完成至分割→整形完畢。

★ P. 182 作法 9 擀開後抹上適量芝麻醬。

3 頂端點綴適量生黑芝麻。

4 參考 P.183 完成發酵→烘烤。

No.74 香橙奶酥烤饅頭

烤饅頭材料

材料	公克
參考 P.181 備妥。	

香橙奶酥餡

無鹽奶油	200
細砂糖	120
鹽	1
雞蛋	60
全脂奶粉	250
玉米粉	15
橘皮丁	120

裝飾

生白芝麻	適量
生黑芝麻	適量

1. 無鹽奶油室溫退冰至溫度 20°C。
2. 無鹽奶油、細砂糖、鹽一同拌勻，拌至無糖顆粒。加入雞蛋液拌勻。加入過篩全脂奶粉、過篩玉米粉拌勻。最後拌入橘皮丁。
3. 參考 P.181 完成至攪拌完畢。
4. 參考 P.182~183 完成至分割→整形完畢。
   ★ P. 182 作法 9 擀開後餡料冰硬切成長條狀 15 公分、寬 0. 5 公分放置麵片兩旁適量香橙奶酥餡。
5. 頂端點綴適量生白芝麻、生黑芝麻。
6. 參考 P.183 完成發酵→烘烤。

No.75 葡萄奶酥烤饅頭

烤饅頭材料	
材料	公克
參考 P.181 備妥。	
葡萄奶酥餡	
無鹽奶油	200
細砂糖	120
鹽	1
雞蛋	60
全脂奶粉	250
玉米粉	15
切碎葡萄乾	120
蘭姆酒	20

1 無鹽奶油室溫退冰至溫度 20°C。

2 無鹽奶油、細砂糖、鹽一同拌勻，拌至無顆粒。加入雞蛋液拌勻。加入過篩全脂奶粉、過篩玉米粉拌勻。最後拌入蘭姆酒葡萄乾。

★切碎葡萄乾預先與蘭姆酒冷藏浸泡 2 小時。

3 參考 P.181 完成至攪拌完畢。

4 參考 P.182~183 完成至分割→整形完畢。

★ P. 182 作法 9 擀開後餡料冰硬切成長條狀 15 公分、寬 0.5 公分放置麵片兩旁葡萄奶酥餡。

5 參考 P.183 完成發酵→烘烤。

No.76 香蒜烤饅頭

烤饅頭材料

材料	公克
參考 P.181 備妥。	

香蒜奶油醬

無鹽奶油	180
新鮮蒜末	75
鹽	3
味素	3
白胡椒粉	3
乾燥蔥末	3

作法4

1 無鹽奶油室溫退冰至溫度 20°C。

2 所有材料一同拌勻，裝入擠花袋備用。

3 參考 P.181 完成至攪拌完畢。

4 參考 P.182~183 完成至分割→整形完畢。

★ P. 183 底部沾完糖後，最後發酵完成後表面刷上蛋液兩遍正面剪十字，擠上香蒜奶油醬進行烘烤。

5 參考 P.183 完成發酵→烘烤。

No.77 肉桂烤饅頭

烤饅頭材料

材料	公克
參考 P.181 備妥。	

蜜糖肉桂餡

椰子蜜糖	120
細砂糖	120
無鹽奶油	120
雞蛋	60
肉桂粉	24
玉米粉	20

作法4

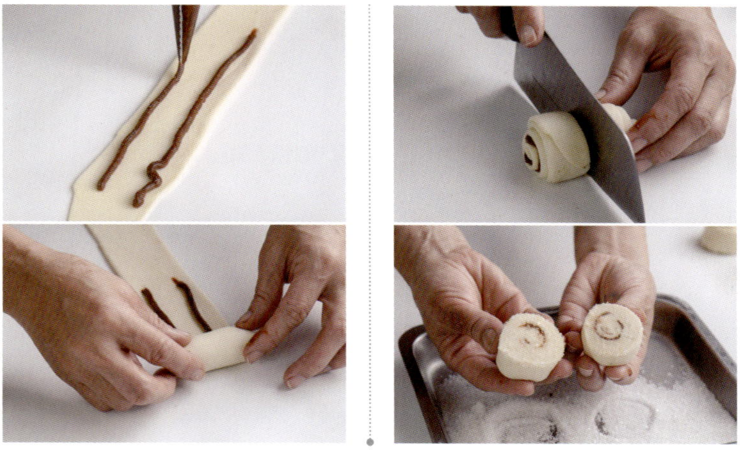

1　無鹽奶油室溫退冰至溫度 20°C。

2　椰子蜜糖、細砂糖、無鹽奶油一同拌勻，拌至無顆粒。加入雞蛋液拌勻。加入過篩肉桂粉、過篩玉米粉拌勻，裝入擠花袋冷藏備用。

3　參考 P.181 完成至攪拌完畢。

4　參考 P.182~183 完成至分割→整形完畢。

★ P. 182 作法 9 擀開後擠上適量蜜糖肉桂餡。

5　參考 P.183 完成發酵→烘烤。

No.78 肉鬆烤饅頭

烤饅頭材料

材料	公克
參考 P.181 備妥。	

鋪料

肉鬆	150
	加沙拉油 10 克

裝飾

生杏仁角	適量

作法2

1. 參考 P.181 完成至攪拌完畢。餡料混和均勻。
2. 參考 P.182~183 完成至分割→整形完畢。
   ★ P. 182 作法 9 擀開後鋪上適量拌勻的肉鬆沙拉油。
3. 頂端點綴適量生杏仁角。
4. 參考 P.183 完成發酵→烘烤。

No.79 起司烤饅頭

烤饅頭材料

材料	公克
參考 P.181 備妥。	

鋪料

起司片（切條）	8 片

作法2

1 參考 P.181 完成至攪拌完畢。

2 參考 P.182~183 完成至分割→整形完畢。
★ P. 182 作法 9 擀開後鋪上適量起司片（切條）。

3 參考 P.183 完成發酵→烘烤。

Topic 加碼收錄！所謂的「糕漿皮類」

糕漿類麵點，漿皮類性質介於冷水麵食與酥油皮之間。可塑性好，可以直接包餡製作。漿皮一般是不加水，利用糖漿調節麵團軟硬度。

麵團加入糖漿、麵粉、油脂調製成的漿皮具有良好的可塑性，麵團不會有彈性與韌性，所以很好操作，容易入模塑型。產品包含廣式月餅、臺式月餅、龍鳳囍餅等。

糕皮類麵點，是介於砂糖、油脂、麵粉、水、雞蛋組合成的麵團。與糕漿皮不一樣的地方是，糕皮類製作主要原料由糖、油脂、蛋的比例調製組成。

糖多較脆；油多產品酥；蛋多產品鬆；水多產品就硬。

糕皮類比糕漿皮類更鬆酥，更容易成形包餡，產品受熱膨脹產生鬆酥口感，例如鳳梨酥。

Topic 所謂的「發粉麵食」

發「粉」麵食與發「酵」麵食是不同的，用最簡單的話來說，發粉麵食就是產品中有添加「膨大劑」。此處的發粉指的是市售的化學性添加物，比如市售的小蘇打粉、泡打粉等。

發粉麵食最常見的就是發糕、蒸蛋糕、黑糖糕。麵糊製作原料有麵粉、砂糖、油脂、水、雞蛋等，與泡打粉拌勻。麵糊受熱之前未經過打發，藉由加熱使泡打粉受熱產生作用，使產品組織膨脹，增加產品柔軟與膨鬆感。

膨大劑效果

鹼水、鹼粉、泡打粉、小蘇打、乳化劑、改良劑、化學添加劑可以增加麵團強度、產生體積，改善麵團操作性，可以延長壽命、減緩老化、改善產品組織，使水分布更均一，穩定氣室發酵良好。上述添加劑雖然在麵團製作的過程中執行類似的功能，但它們在與其他成分混合時會產生不同的反應，且由於它們的膨脹力及酸鹼度各不相同，因此不能互相替換。本書以鮮奶做最好的乳化與改良並未使用添加劑。

改良劑使用的目的

改良劑使用的目的：

❶ 改善水質：水中礦物質提供酵母營養，增強麵筋的韌性。水中礦物質含量高時，會形成麵筋強韌的麵團，會抑制酵母發酵；水中礦物質含量低時，麵團黏性強，增加製程中操作的困難。因此改良劑可以改善水質。

❷ 調整並改良麵團的 pH 值：鈣鹽、增強麵筋、調整酵母的發酵、麵團 pH 值及增加麵團體積之功能。

❸ 酵素的補給：發酵終了時，糖已用盡，此時麵團內有砂糖或葡萄糖，可供酵母發酵之所需，繼續提供酵母發酵，以產生二氧化碳。發粉材料簡述。

No.80 西瓜發糕

製作數量：7~8 杯

	材料	百分比	公克
A	低筋麵粉	100	250
A	在來米粉	40	100
A	泡打粉	6	15
B	水	120	300
B	細砂糖	60	150
C	熟黑芝麻	2	5
C	紅麴粉	2.8	7
C	綠茶粉	0.4	1
C	竹炭粉	-	適量

★使用可裝 100g 麵糊之杯模。

1 材料 B 混勻，沖入混合過篩的材料 A 中。

2 打蛋器以畫圓方式拌勻，拌勻至無顆粒。

3 取 60g 麵糊裝入擠花袋中，尾部打結。

4 取 60g 麵糊加入綠茶粉，搭配一點點配方外水（約 1~2g），幫助拌勻，拌勻至無顆粒。

5 裝入擠花袋中，尾部打結。

6 取 10g 麵糊加入竹炭粉，拌勻至無顆粒。

7 裝入擠花袋中，尾部打結。

8 篩入紅麴粉，打蛋器以畫圓方式拌勻，拌勻至無顆粒。

9 加入熟黑芝麻。

★用烤過的熟黑芝麻會比較香，生的香氣比較少。

10 刮刀翻拌均勻，拌勻到熟黑芝麻均勻分布於麵糊中。

11 裝入擠花袋中，尾部打結。

12 紅色果肉麵糊擠入杯膜中，擠約 8 分滿。

13 以畫圓方式擠入白色麵糊，表面擠一圈即可。

14 以畫圓方式擠入綠色麵糊，表面擠一圈即可。

15 黑色麵糊擠閃電狀，擠出西瓜花紋。

16 蒸籠預先將水煮滾，產品送入蒸籠，以大火蒸 30 分鐘。

Topic 用途廣的餡料速查表

自製綠豆沙餡

P.157

自製白豆沙餡

P.159

Topic 一些不分享太可惜的餡料

自製鳳梨餡

冷藏：7 天
冷凍：30 天

材料	公克
鳳梨去皮	600
二砂糖	100
檸檬汁	10
無鹽奶油	20

作法

1 鳳梨取果肉切丁，秤出需要的量。

2 平底鍋加入鳳梨果肉(含果汁)、二砂糖，大火拌勻炒製，煮至沸騰轉中小火慢慢炒煮(煮的期間要不時攪拌)，炒到水分收乾、變濃稠，調整軟硬度。

3 加入檸檬汁拌勻，最後加入無鹽奶油拌炒均勻，放涼。

4 把一個袋子剪開，包住鳳梨餡，再用袋子裝起。

自製紅豆沙餡

冷藏：7 天
冷凍：30 天

材料	公克
紅豆	600
二砂糖	400
85% 水貽麥芽糖	100
奶油	50

★使用無鹽奶油、無水奶油皆可。

作法

1 鳳梨取果肉切丁，秤出需要的量。

2 電鍋內鍋加入紅豆、乾淨的水。

★一台斤豆子（600g）配兩斤乾淨飲用水（兩斤為 1200g），以此類推。

3 電鍋外鍋加入兩杯水，煮到電鍋跳起 1 次，把紅豆蒸熟。

★如果未熟，外鍋再加一杯水續煮熟。內鍋的水量要蓋過豆子（水量若不足要再加）。

4 瀝乾內鍋的水，取出煮好的紅豆。

5 平底鍋加入紅豆、二砂糖、85% 水貽麥芽糖，中火拌勻炒製，煮至沸騰（煮的期間要不時攪拌），炒到水分收乾、變濃稠，調整軟硬度。

6 加入奶油拌炒均勻，放涼。

7 把一個袋子剪開，包住內餡，再用袋子裝起。

★使用時把貼住餡的袋子稍微撕開，秤需要的量。

自製韓式泡菜

冷藏：3 天
冷凍：30 天

	材料	公克
A	大白菜（切段）	2000
A	鹽	60
B	魚露	100
B	細砂糖	50
C	粗辣椒粉	70
C	薑（細末）	30
C	蒜（碎）	70
D	紅蘿蔔（切絲）	50
D	青蔥（切段）	2 支
D	洋蔥（切絲）	50
D	韓式辣椒醬	80

作法

1 大白菜洗淨瀝乾水分，與配方鹽拌勻靜置 2 小時。

2 待大白菜軟化，用飲用水沖洗乾淨，將水分滴乾，不能曬太陽。

★此為脫水步驟，將材料放於室內自然陰乾。乾燥的手碰觸白菜，不會摸到水分，也可以使用重物壓脫水，放在水槽壓水會流出去，或是放在有洞的鋼盆壓。

3 材料 B 混勻，再加入材料 C 拌勻，再加入材料 D 拌勻。

4 加入大白菜混合均勻，裝入袋子（或容器）中，放於室內照不到日光的陰涼處，自然發酵 1~2 天，再放入冷藏。

★成敗在脫水與魚露。

自製蜜汁叉燒肉

冷藏：3 天
冷凍：30 天

材料	公克
三層肉（切 2 公分厚）	1500
豆腐乳	50
味醂	220
金蘭醬油膏	60
醬油膏	60
五香粉	2
紅麴粉	8
紅麴醬	100
白胡椒粉	4

作法

1. 所有調味料混合均勻，放入三層肉，幫肉做馬殺雞，按摩幫助入味。
2. 放入塑膠袋冷藏，冷藏期間要翻面 3 次左右，醃製一天一夜即可烘烤。
3. 醃好的蜜汁叉燒肉鋪上烤盤，送入預熱好的烤箱，以上火 220 ／下火 150°C 先烤 15 分鐘，翻面，淋上烤盤內的醬汁再烤 10 分鐘，再翻面，淋上醬汁續烤 5 分鐘。
4. 烤好的蜜汁叉燒肉切丁，蜜汁叉燒肉生的或烤的都可冷凍保存。

↑ 樂作包子饅頭趣 P.51 圖 5

大廚來我家 12

麵點女王的百變中式點心

國家圖書館出版品預行編目 (CIP) 資料

麵點女王的百變中式點心 / 彭秋婷著 . -- 一版 . --
新北市 : 上優文化事業有限公司 , 2022.04 208 面 ;
19x26 公分 . -- (大廚來我家 ; 12)

ISBN 978-957-9065-64-1(平裝)

1.CST: 點心食譜

427.16 111002239

作　　者　彭秋婷
總 編 輯　薛永年
美術總監　馬慧琪
文字編輯　蔡欣容
攝　　影　洪肇廷
出 版 者　上優文化事業有限公司
電話：(02)8521-3848
傳真：(02)8521-6206
Email：8521book@gmail.com
（如有任何疑問請聯絡此信箱洽詢）
網站：www.8521book.com.tw
印　　刷　鴻嘉彩藝印刷股份有限公司
業務副總　林啟瑞 0988-558-575
總 經 銷　紅螞蟻圖書有限公司
台北市內湖區舊宗路二段 121 巷 19 號
電話：(02)2795-3656
傳真：(02)2795-4100
網路書店　www.books.com.tw 博客來網路書店
出版日期　2025 年 3 月 一版二刷
定　　價　480 元

上優好書網　LINE 官方帳號　Facebook 粉絲專頁　YouTube 頻道

Printed in Taiwan